創業家的英雄之旅

以人為本的創新創業管理

邱于芸

國立政治大學
創新與創造力研究中心
Center for Creativity and Innovation Studies

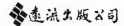

遠流出版公司

目錄

推薦序一：從「天真者」到「魔術師」的英雄之旅／吳靜吉 010

推薦序二：創業是一場人生旅行／邱復生 015

推薦序三：旅程就是最好的獎勵／吳仁麟 019

自序 022

前言：行前地圖 031

　　附錄：想像與真相之間：霍金斯離台之後 047

第一章　創業的英雄之旅 050

　　創業，是一種生命的轉變與實踐 052

　　創業之旅的生命課題 059

　　創業家的年紀 063

第二章　創業的試煉 068

　　冒險召喚 071

　　遇上師傅 074

　　在啟程之後 083

第三章　創業的理由 088

　　探索人性的努力 090

　　價值管理系統──結合動機理論與原型理論 094

　　獨立 098

　　　　天真者 098

　　　　探險家 100

　　　　智者 103

征服 107

　英雄 108

　亡命之徒 111

　魔法師 114

歸屬 118

　凡夫俗子 119

　情人 124

　弄臣 127

穩定 130

　照顧者 132

　創造者 134

　統治者 137

打破單一文化的迷思 141

　附錄：叛逆的風景 146

第四章　創業的力量 150

創業理論的發展軌跡 153

從巨觀到微觀——以人為本的創業觀 164

正面的力量——超越黑暗 167

創業，是尋找幸福的主動出擊 171

創業的力量——完成自己的生命藍圖 176

附錄：建人與建物：繪出文創十大建設藍圖 181

第五章　以人為本的組織藍圖 184

　　組織社會的誕生──從生產到創意經濟 186

　　從機器觀到生命觀的轉變 190

　　探索組織的內心世界 192

　　組織的英雄之旅 205

　　追求自我實現的組織目標 211

　　用意義與價值打造品牌與創新 217

第六章　合作創新 222

　　合作是創意時代的生存之鑰 226

　　找回組織中的人性 232

　　創意經濟時代的來臨 237

　　創業是追尋自己的靈魂 241

　　創造力在哪裡？ 245

　　創意經濟時代的生存法則 252

　　附錄：一種尚未出現的存在──

　　談台灣文創產業策略的典範轉移 261

第七章　創意生態：往人才聚集的地方移動 264

　　逃脫古典經濟學理論的束縛 269

　　創意生態的要素：多樣性、改變、學習、適應 274

　　創意生態──共同工作空間崛起 280

　　生生不息──共同工作空間的成長 291

　　附錄：獨立工作者的新生活運動──不必要的孤獨 297

第八章 **面對世界：創業就是一種溝通**..................................... 300

　　行銷溝通的關鍵——人性 306

　　創業家的品牌——尋找意義、發現價值................. 310

　　故事是全世界共通的語言 319

　　人性是一切溝通的寶庫 328

　附錄：讓創業教育成為人生必修課........................ 331

第九章 **歷劫歸來** 334

　　成功的迷思 336

　　成功的真相 340

　　歸返 346

參考書目 354

Somewhere ages and ages hence:
Two roads diverged in a wood, and I,
I took the one less traveled by,
And that has made all the difference.

「多年以後，在某處，我會輕輕嘆息說：

林中有兩條岔路，而我——選了一條人跡罕至的路，

從此決定我人生的迴殊。」

——佛斯特（Robert Frost）

UK PAVILION FOR 2010 WORLD EXPO SHANGHAI

一個創業家的養成：給舞台，讓他找到生命

Malcolm Reading是國際知名的建築顧問，他一手發掘捧紅了 Thomas Heatherwick（2010年上海世博英國種子館的設計師）。服務的客戶，包括了英國政府和北大西洋公約組織。在全球建築界，Malcolm是公認的「人才推手」，培育過許多優秀的建築師。他說，要談如何搶救人才之前不妨先談如何培育人才。我明白他的意思，就像他走遍世界，也來台灣拜訪，希望為英國建築業培育人才，為下一代的英國建築師尋找舞台，人才是需要舞台來養成的。「人才」這兩個字指的應是「一個人和他對生命意義認知的距離」。一個人所做的工作如果和對自己生命意義的認同越近，這個人就會變成「人才」。因為認同，就會產生一種動力不斷的去試著把這件事做得更好。

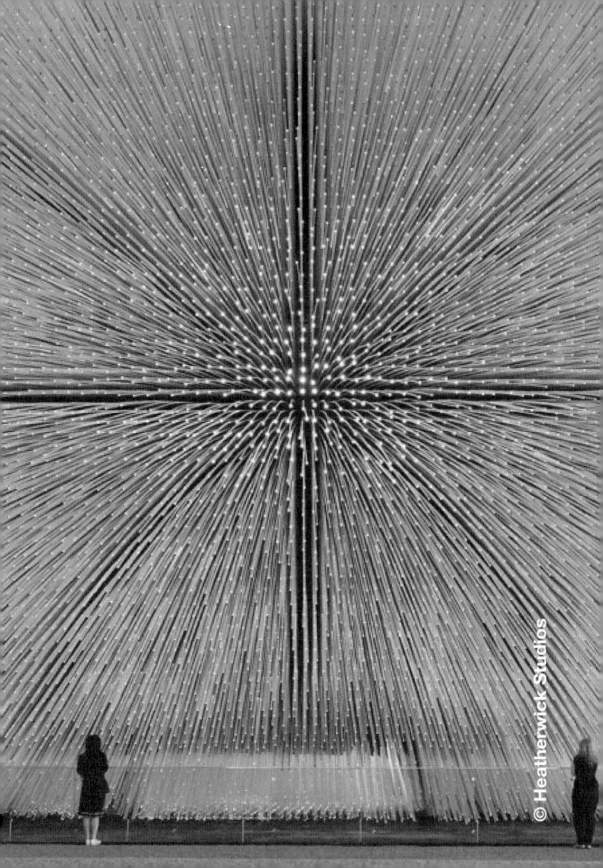

推薦序一

從「天真者」到「魔術師」的英雄之旅

國立政治大學創新與創造力研究中心創造力講座主持人
名譽教授 吳靜吉

那是2010年，于芸剛回到台灣不久，剛取得劍橋大學的博士學位的她，在一個半公開場合自我介紹。

她把PPT檔投影在牆上，第一張圖片是一位小女孩在大風雪交加的路上撐著一把破傘。這讓我非常驚訝於她利用影像表述生命原型的能力。那時，我知道，她馬上就要展開屬於自己的英雄之旅。

她在這本書的自序中說：「過去二十多年的流浪歷險，其實只是某種的鋪陳和前情提要，真正的劇情才要開始：流浪博士面對這個熟悉又陌生的故鄉能做什麼？需要做什麼？一切都是那麼的不明且讓人不安。」

我相信，2010年那張圖片傳遞的訊息之一，是她回台後，面對熟悉又陌生的台灣近鄉情怯的不安。她認為自己當下和過往的生命原型是「孤兒」，這個「孤兒」正要展開她的英雄之旅。所謂英雄是指每一位決心揮別過去並展開新生命追求、勇敢走向未知旅程的「戰士」。我相信于芸已經認定她未來的轉變不是盲人

摸象的大學者，也不是誤闖森林的小白兔。她的確已經下定決心
克服種種有形和無狀的關卡，希望在生命舞台上扮演全新的角
色。

　　既然當時認定自己的原型是「孤兒」，她就很像灰姑娘等待
喜歡的王子舉辦舞會，也期待及時出現的仙女引領和協助在舞會
中遇見王子。憑著她擁有多元智慧等優勢的獨特組合之「水晶
鞋」，最後會因這些特色的組合跟她的王子過著快樂幸福的生
活。

　　這裡所謂的王子不是人，是志業。所以，她創業英雄之旅的
理想同時具有「追尋者」、「戰士」、「創造者」、「智者」、
「愛人者」和「照顧者」等這些原型的內涵。

　　踏破鐵鞋無覓處，得來全不費功夫。她在政大公企中心的
「事業舞會」中開始建構鋪展「創立方」的創意生態，讓年輕人
在此啟動各自的創業英雄之旅，在「創立方」這個創意生態中，
他們透過各種試煉，溝通、合作和行銷，而展開經創意到創新到
創業的旅程。

　　在她啟動創業之旅時，我發現她是個「天真者」，她開始覺
得「創立方」是安全的地方，相信別人會照顧她、滿足她的需
求，她也相信所有的人不會故意互相傷害。對那些進駐的年輕
人，她善盡「照顧者」的角色，甚至於教他們怎麼煮鹹稀飯，搏

感情、飆創意。把自己的快樂建立在這些年輕人的成長中。

　　創立方是于芸回台後第一個社會和教育創新，在口耳相傳之下，她突然忙碌起來，「照顧者」的特色之一就是不知道怎麼拒絕別人，她果然忙上加忙。所有的英雄之旅都會面臨許多困難和挑戰，幸虧她「戰士」的原型總是適時出現，因此將恐懼暫放一邊去做她該做的事，也會尋回她原本的信念做適度的冒險。

　　在這個過程中，她不斷地吸取外來的訊息和能量，不管是本土的創業家或偶而路過台北的外國創業者，她都會透過自己的關係資本，邀請這些外賓來加入「創立方」的英雄之旅。她也親赴矽谷的IDEO，體悟設計思考的方法之後，再繼續運用自己的關係資本提供機會讓更多人學習設計思考。二十幾年的英國學習、工作和生活的經驗，讓她隨時隨意取得豐富助長「創立方」的資源。

　　為了實踐文創之旅，她也和英國創意經濟之父約翰·霍金斯（John Howkins）以及他的關係企業BOP顧問公司建立伙伴關係，引進知識和經驗。

　　創立方之後，她自己也在西門町的武昌街「武昌起義」，開辦「卡市達創業加油站」（Custard Cream Coworking Space），複製又創新共同工作空間的理想，之後不久又在安和路打造另一家共同工作空間，為文創人和創業家打造一個「安和樂利」的空

間。

　　這時候的她已經發揮了「魔術師」和「統治者」的原型，因為是「魔術師」，在整個英雄之旅的過程中，從最早的「孤兒」啟動自我療癒的過程，領悟到她可以聚集擁有的息息相關的人事物資源幫助別人。

　　所以她在自序中說：「在一連串重新學習的過程中，我逐漸發現創業這個領域與我原本的專長其實也不是完全無關。表面上，創業應該屬於經濟、管理的知識，但是當我在研究、觀察創新創業的歷程時，設計思考中相當重視的一個環節與『故事力』有著顯著的關係。形塑一個觀點或對使用者的觀察洞見，需要的就是說故事的能力。直到這個時候，我在英國所學的文學與哲學，開始派上用場。」「一個創業家就是在自己的故事裡扮演主角的英雄，有著不同的性格原型，但是都為了改變什麼而踏上冒險旅程，而後碰上試煉，最後成功地凱旋或者壯烈地失敗。這個發現讓我試著由故事與創業的連結切入，用一種不同於經濟的角度來談創業。幸運的是，即使這種解釋方式與眾不同，而且還是出自一個半路出家者的口中，但我並沒有因此被打成離經叛道的異類。」

　　于芸具有領袖的特質，擅長賦予別人適性揚才的工作，她也期待那些受她照顧的人可以仰賴她的指導；當然，她也是一個

「創造者」。她隨時隨地靈感乍現，她也努力地實踐夢想、開創生命，但總覺得自己未盡全力，繼續發揮在「追尋者」的原型尋找方針，在尋找的過程中，心中總覺得有點騷動不安，並且期待更美好的事情會發生。對那些創業者的年輕人，她仍然扮演「照顧者」的角色。

　　《創業家的英雄之旅》這本書是她回台後的第四本書，也是我一直想做但連動都沒有動的書，她創業的英雄之旅也在實踐我自己本身的夢想，我羨慕她也感謝她，希望很多人都能夠跟我一起分享閱讀這本書所喚醒的記憶和英雄之旅的故事。

推薦序二

創業是一場人生旅行

台灣土地開發公司董事長 邱復生

回想起來，過去的人生裡，我一直在創業。

二十多歲的時候，我向廣告公司的老闆說自己想獨立門戶。老闆除了欣然同意，之後還給了我許多案子做，變成我的主要客戶。因為我幫他製作的影片比別的廣告製片公司好，也更了解老東家的需要。

慢慢的，我們在市場上得到越來越多的肯定，生意好到一年可以拍一百多部廣告片，而且品質一直是市場上最好的。

公司走到了高峰之後，我開始尋找下一個戰場。就這樣，從製作電視、電影、經營電視台到今天做土地開發，我總是不斷的在尋找新的事業方向。就這樣一次又一次的歸零學習，經歷一次又一次的創業人生。

我之所以會不斷的創業，可能是因為我的個性使然吧。從小，我就是一個很喜歡把朋友聚集在一起的人，我享受那種一大群人去把一件事做成的感覺，不管是一起去偷摘水果、烤地瓜或游泳。那種大家一起打拼和共享成果的快樂，促使我不斷的去經歷創業人生。

　　現在，六十多歲了，我還持續在創業。你問我，創業這麼多年之後對創業的感覺是什麼？

　　我只有兩個字：「挫折」。是的，創業就是不斷經歷挫折的人生，創業的過程永遠充滿挫折，也就是不斷的失敗，不斷的失敗才能讓你找到成功的道路。挫折的經驗會給你下次的警惕，而成功的經驗則是下次創業的陷阱。那你可能會問，是什麼動力能讓我不斷的去經歷挫折和失敗？我想，那是因為我很清楚我想過的是什麼樣的人生吧。

　　我知道自己不要過重複的人生，不要一勞永逸的生活。所以總把一個事業做起來之後就會想去做另外一個新事業，而且格局要越做越大，難度要越來越高，特別是那些別人不敢想不敢做的事業。回顧我的創業旅程，就像坐在一列前方沒有軌道的疾行火車，邊開邊在前方鋪鐵軌。

　　在創業一段時間累積了一些資源之後，1989年，我夢想著要讓台灣的電影能在全世界發光，於是投資連拍了四部電影，一路摘下了威尼斯和坎城影展最重要的獎項。1993年，我們想讓台灣擁有一家不一樣的電視台，於是創辦了TVBS，改變了台灣的電視市場。一路走到今天，我們仍然在想辦法為台灣社會創造更大的可能。

　　而這背後，造就我不斷創業的，其實是我們所身處的這個時

代和社會。亂世出英雄，創業英雄總是能在亂世中開創盛世。特別是現在，資訊科技創造了前所未有的數位經濟大浪潮，後浪不斷的超越前浪，而且一浪比一浪更猛。Yahoo之後是Google，Google之後是臉書，再之後，來自中國的阿里巴巴又超越了臉書。新一代的創業家不斷的橫空出世，以夢想和勇氣寫下歷史。

現在正是美好的創業年代，網路新經濟為產業賽局帶來全新的遊戲規則。透過網路，創業家得以面向一個「去中間化」的自由市場，只要得到網路上眼球的認同就有機會創造明星品牌。

在這樣的年代，那些百年老店企業霸權反而坐困愁城，因為過去那種以層層中介機制建立起來的戰略核心，已經完全被解構，從政治圈、藝文圈到娛樂圈。所以，當我聽到有創業家感嘆現在台灣的創業環境不好，反而會去回想台灣過去的那一些創業家經歷過什麼樣的人生。每一代都有人會感嘆自己是「迷失的一代」，不知何去何從，但是在同樣的年代，也總會有創業家寫下屬於自己世代的傳奇。

所謂的創業，也不一定是無到有的開創新事業。創業其實是一種態度、一種人生價值，不管您身處於一個體制裡（比如，任何公民營企業或組織裡），或是赤手空拳的一個人白手起家，只要敢於挑戰昨日，開創新的可能，在我看來都是一種創業。

邱于芸老師的這本書談的是創業，在我看來，她的人生也是

不斷在創業。高中畢業之後她一個人到英國求學走自己的路，歷
經二十多年的異國人生後又回到台灣，不管在學校或是產業界，
她再次出發尋找新舞台，除了教創業也在身體力行自己創業的思
索和心得。

　　而這一切，身為父親的我有幸一路見證，在閱讀這本書的過
程中也分享了許多似曾相識的點點滴滴。

推薦序三

旅程就是最好的獎勵

聯合報系媒體創新研發中心總監 吳仁麟

那一年，我到矽谷旅行。

住在矽谷的那幾個月，我刻意住進一位資深創業家的家中，他在矽谷一住二十年，曾經多次創業。我想透過近距離的觀察，去了解這個創業聖地的住民們過著什麼樣的生活，這些人的腦子又在想些什麼。

最讓我印象深刻的，是這位創業家把創業變成全家人的事。在家裡的分分秒秒，他家裡每一個人談的都是創業，甚至連假日都會哄著老婆和兩個還在讀小學的孩子陪他到公司加班。和矽谷大部分的創業家一樣，他的生活裡只有「創業」這兩個字，創業家的字典裡沒有上下班，分分秒秒都在創業。

我曾經私下和他聊天，問他為什麼要選擇這樣的日子？以他的資歷和能力，大可以到大公司裡找個輕鬆又高薪的工作。

他說，對他來說，自己創業和找一份工作之間是無法二選一的。他知道自己想要走的是什麼路，他寧願壯烈的創業失敗，也不願到老時後悔這一生沒創過業。

創業家的這一番話讓我想起賈伯斯的那句名言：「旅程就是

獎勵」（The Journey Is the Reward）。也許，正如老賈所說的，每個創業家所追求的只是一場無悔的英雄之旅。這也是這本書探索的方向，每一場創業冒險追尋的，其實是自己所期待的那個自己。

這本書把創業視為一場英雄之旅，試著解析和透視創業家的內心世界，這樣的切入點也為創業市場的種種論述帶來全新的視野。一直以來，各式各樣談論創業的書籍所討論的都是各種技術層面的「兵法」，而這本書卻回歸一切的最根本來談創業的「心法」。這樣的書寫意圖裡也勾勒出台灣產業發展的機會與挑戰，當創業家能開始探索內心世界，認真思考自我、自信、自在和自由的真意，我們才有可能走出一條和過去五十年不同的路。

半世紀以來，台灣一直無法擺脫「代工島」的宿命，明明知道這條路不太對，卻也找不到新的方向。多年來產官學各界不斷的對話思辨，台灣在全球產業鏈的分工角色卻一直沒有太大的改變。

但是如果我們把眼光投向創業市場，卻可以看到台灣在一些結構已經開始發生改變。早年的創業家的創業動機多半是求生存，而網路年代的創業家則追求自我實現，甚至可以為了實現理想而放棄安定的工作與生活。這樣和過去不同的創業思維，也可以讓我們預見台灣產業的某種可能畫面。

　　那意味著更多「去代工化」公司的出現，以及更多與世界主流市場同步的企業即將誕生。過去，全世界的每一部大大小小的電子產品裡都有台灣生產的晶片，但是台灣卻沒有一個代表國家面目與性格的國際品牌。而這些在乎自我追尋和認同的創業家，將有可能在台灣的優勢基礎上打開新的局面。

　　這是一本極具說服力的紀錄與告白，作者邱于芸老師除了書寫創業家的英雄之旅，在過去幾年來也身體力行的走過多彩多姿創業旅程，而她所開創的事業，就是幫助創業家創業。她在英國異鄉漂流了二十年後回到台灣，創辦了協助創業家創業的共同工作空間，在幫別人創業的過程中也為自己創業。

　　這本書所呈現的，除了是一位學者的明心慧眼，也是一位創業家親身走過的英雄之旅。

自序

　　深夜，一片燈海的電影街有如白晝，一幅幅電影看板沿街羅列著。看板裡，末日將臨的聳動標題，看來與現實其實相去不遠。

　　空難、氣爆、經濟崩盤……，一波波的天災人禍令人不寒而慄。深夜的西門町，稀疏的人影閒來逛去，看似不經心又隨興的挑選著兩個小時的刺激或感動，試圖進入另一個平行世界。

　　午夜場正要開始，售票口的音樂震天響起，卻讓這時空分外寂寞。而對街，原本幽微的燈一盞盞熄了，鐵捲門緩緩拉下，吐出幾枚疲憊身影，匆匆走入夜色之中。

　　這是我兩年多生活裡的一個典型夜晚，觀望著稀疏的電影街人潮中夾雜了幾個夜歸的創業家年輕人，夜色中，一個個都成了翦影。風吹動著四層樓房兩旁的旗幟，這是出現在1911年武昌起義的鐵血十八星旗。

　　幾個小時前，一位資深的編劇老師在這個空間裡為大家講電影，他細心的解讀導演在鏡頭背後埋藏的言外之意，神色裡有終遇知音的喜悅。他說：「電影裡的主角總是會面臨各種選擇的時刻，而每一次的選擇，總是讓他不得不走向最後的結局。」

　　電影故事與創業人生有著令人驚豔的相似性，每一個人都在自己的世界裡扮演主角，在抉擇中度過每一天。跟著編劇老師咀嚼各個經典電影的橋段時，我和創業家們彷彿也在觀看屬於自己

的英雄之旅。

　　我時常不經意與人聊起那離奇時刻。2010年末，旅居英國多年後，我帶著一雙兒女再回到台灣，試著和這片土地和解，對她懺悔並期盼重新開始。二十多年前，少女時期的我，頭也不回的遠走高飛，如今再度歸來。在別人眼中，可能以為這會是一個叛逆少女在國外取得名校學歷、載譽歸國的圓滿故事。但其實對我而言，新的考驗反而才正要降臨。

　　過去二十多年的流浪歷險，其實只是某種鋪陳和前情提要，真正的劇情才要開始：一個流浪博士面對這個熟悉又陌生的故鄉能做什麼？需要做什麼？一切都是那麼的不明且讓人不安……

　　我刻意讓自己無法回頭，在四處謀求教職卻毫無著落時，仍然告訴自己要把握任何機會，所做的每一件事都要為自己稍欠市場資歷加值。從一開始兩個禮拜一次的政大EMBA課程兼職任教，之後，在政大公企中心找到了我回台灣之後的第一份正職工作──研究諮詢組的專案經理。

　　我還記得，第一次拜訪政大公企中心當時的主任樓永堅教授，他帶我逛了整個校區，指著兩棟已經年久失修的建築說：「這兩棟教室看看怎麼利用它們吧！」就這樣簡單的一句話，引發了我的無限想像，歷經無數次理想與實踐的衝撞與妥協，終於催生了「創立方」（創意、創新、創業交易所）。

　　「創立方」座落於大安區金華街的精華地段，人潮、錢潮都不缺，但僅僅一牆之隔的校園內，教室卻空蕩得讓每個人聽得到自己的腳步聲。那時候，我曾想像過很多可能的畫面，想像這裡會延續著政大公企中心的光榮傳統，追隨著台灣經濟每一個起飛的時刻。而創意經濟的來臨，正是改變公企體質的絕佳機會。

　　我想像這裡會有上百位的創業家聚集，為了未來的事業跟伙伴不斷腦力激盪，大膽的思考與行動。但是在歷經了多次提案後，卻一直找不到方向。而真正挑戰我的是，我的專業是文學與美學的領域，這與「創意」、「創新」看來毫無關聯，更別談「創業」了。

　　創立方的籌備期間，我在2011年二月造訪史丹佛大學的D-School，開始了我對「設計思考」的研究，這個經驗更讓我認識了「創新教育」與「跨領域教育」和自我人格發展的關聯性。在同一次參訪中，也順道去了D-School的催生者──世界頂尖的解決方案提供者IDEO公司，這一次朝聖之旅，也讓我學到設計創意空間與創意人才管理。史丹佛大學教授婷娜・希莉格（Tina Seelig）所創立的STVP（Stanford Technology Ventures Program）的創業教育，更讓我認識了創業教育成為一個學門的典範。

　　同年七月，「創立方」開幕了。麻雀雖小，五臟俱全，雖然

一開始只有五間公司，十二位創業家，但是當時的團隊之間的互動與氛圍卻是向我所參訪過的世界級教育與創新機構看齊的。創立方開幕之後，我更回到了母校英國劍橋大學，與創業教育的機構討教創業教育的流程。更去訪問了世界第一大的共同工作空間連鎖機構The Hub的經營者，這些都激發了我接下來很多的想法與計畫，讓我能一步步把創立方的景象描繪得越來越清晰。其實，我仍然只能算得上半路出家，許多細節是在執行之中慢慢被發現，然後才知道我需要尋求學理來解決許多工作空間的問題。

在一連串重新學習的過程中，我逐漸發現創業這個領域與我原本的專長其實也不是完全無關。表面上，創業應該屬於經濟、管理的知識，但是當我在研究、觀察創新創業的歷程時，設計思考中相當重視的一個環節與「故事力」有著顯著的關係。形塑一個觀點或對使用者的觀察洞見，需要的就是說故事的能力。直到這個時候，我在英國所學的文學與哲學，開始派上用場。

一個創業家就是在自己的故事裡扮演主角的英雄，有著不同的性格原型，但是都為了改變什麼而踏上冒險旅程，而後碰上試煉，最後成功地凱旋或者壯烈地失敗。這個發現讓我試著由故事與創業的連結切入，用一種不同於經濟的角度來談創業。幸運的是，即使這種解釋方式與眾不同，而且還是出自一個半路出家者的口中，但我並沒有因此被打成離經叛道的異類。

終於，上百個團隊進駐「創立方」，願意相信以人為本的創業價值觀，原本空蕩的教室如我預期的熱鬧了起來。不同的團隊在那裡工作之餘，定期的聚餐、交流、做創意激盪。不少亮點企業也在這裡孕育。

經過了兩個春夏秋冬，一邊管理創立方，一邊在大學裡兼課，日子忙碌且充實，然而回台灣謀得一個正職教授的希望卻越來越遙遠。經歷過許多次教職申請失敗經驗，我的「平凡世界」又再度面臨挑戰。創立方的專案計畫也接近了尾聲，左思右想之後，我決定離開，走向了另一次旅程。

離開政大之後，我幾乎用掉了所有的積蓄，在繁華的西門町鬧區租了一棟四層樓的舊房子，創立了「卡市達創業加油站」，做為實現論述與理想的基地。這對我而言，也是一個做了之後就很難回頭的決定，同時也是極大膽的冒險之旅。我在這裡投注了所有對創業的理念。彷彿如同英雄之旅的預言一般，卡市達的經營歷程也是不斷碰上各種試煉。

上帝用祂最幽默的一面來教育我，正當卡市達如火如荼地營運之後，我原本以為申請的教職已經無望的北科大居然寫信通知我已經錄取。這些來自外在的考驗，每一次都在試驗著我心臟的強度。

我曾經一度把門拉下來暫停對外開放，只留下少數的好友守

住店面，也屢次在人員的流動之中不斷重整腳步。但是無論如何，在申請補助失利、未能有足夠的商業模式說服金主募資的情況下，卡市達靠著幾位進駐創業家形成自治村，在市場中還是生存了下來，而且連結更多元的創業家在這裡共同生活，而我從此成了配角。

有開放社群在這裡固定聚會，利用下班後的業餘時間共同為打造屬於台灣全民的國民手機而貢獻所長；有從事教育的團隊，全台灣四處奔波演講推廣理念；也有哲學家們在此起義，思考把哲學當成創業的可能性。這裡的運作證明創業不只是追求KPI、Business model的經濟遊戲，也可以是社會創新概念的實踐，或者追求自己生命的堅持。

更讓我堅持到今天的是，這群創業家始終保持著對社會與人的良善。我進入北科大重拾教師身分，必須與剛創立的卡市達保持距離；這些人便以他們個別的所長，透過共治維持住了卡市達的營運。做高湯料理的老闆，讓聚餐活動的食物可以不必外求；做廢棄物設計的藝術家，替店面規劃著新的裝潢風格。我們距離完全的自給自足仍有大段的路程需要努力，但是在這個已經具備雛型的共榮生活圈裡，可以看見新的創業模式裡，競爭並不是唯一。

不同角色的英雄們像《復仇者聯盟》那樣在卡市達合作，求

取全體而非只限於個人的生存。這個光景與我當初創立卡市達時的夢想，已經逐步在接近之中；我感謝曾經為了這裡付出過的每一個伙伴和創業家，同時也慶幸當初投入與之後所有人的幫忙維持住這個空間，終於使它變成一扇讓我接觸世界的窗口，一個創意激盪的平台。

這本書是我回到台灣之後，繼《故事與故鄉》（遠流）、《另一種自由的追求》（麥田）以及《用故事改變世界》（遠流）後出版的第四本著作。本來的計畫是要將我在學校教創業的課程蒐集起來，化成文字，做為我對創業的論述。然而經過了這一段旅程，看了許多創業者的成敗，加上自己又親嚐了個中的甘苦，在校對的時候，總是不斷看到過去自己所犯下的錯誤。

一開始，我像是個天真者，經過這些年的磨鍊，現在更像一位魔法師，太多太多新的想法、理論開始更新；然而出於出版時間的壓力，我還是只能忍住把這本書全部重寫的衝動，在夜闌人靜的時分，靜下心來把原有的書稿整理完成。最後這個定稿的過程，與其說有新書將要出爐的興奮，不如說是一趟自我心靈的療癒。

這本書能夠完成，要感謝的人實在太多太多。首先是政大「創新與創造力研究中心」的全力支持，打從我回到台灣時所參加的所有交流活動，它就是我成長的養分來源。這段期間，我遇

見了生命裡許多師傅：吳靜吉老師的無私教誨與鼓勵，讓我在陌生的故鄉土地上有了一個完美嶄新的開始，並落地生根。感謝公企中心樓永堅主任，有那麼大的勇氣，給了我回台灣的第一份正職的工作。謝謝溫肇東教授邀請我參加2011年由創新與創造力中心所主辦的世界「創業教育圓桌研討會」（Roundtable on Entrepreneurship Education Conference），讓我結識了許多一生難得的朋友。當時《美學CEO》作者吳漢中先生，就是在這個研討會認識。連我在加州矽谷拜訪那些有名的創意聖地都是由他和另一位作者吳琍璇女士（現已是漢中的夫人）幫忙聯繫，開著車接送。

　　感謝資策會黃國俊專家這些年來不斷替我惡補台灣資訊與文創產業的發展脈絡，引介我拜訪業界重要的先進。我也需要特別感謝《工商時報》陳碧芬博士，總在我快要失去信心時出現在我面前，陪我度過長長的夜晚，總在我需要她的關鍵時刻扮演我的天使。謝謝《聯合報》媒體創新研發中心吳仁麟總監，在我需要的時候替我惡補商學院有關管理與創新的經典之作，使我不致孤陋寡聞，閉門造車，並提供創業家們一個產業平台與對話窗口。

　　我也非常榮幸獲林月雲老師的應允，讓我參與「頂大計畫創意設計與創新研究中的文化創意產業之發展」計畫，感謝這計畫當中的每一位成員，並在每一次的討論會中，給我許多求也求不

來的寶貴洞見，讓我得以將這個研究成果，經過初審、決審各兩位委員的審查通過後出版。

在書稿編撰過程中，感謝政大創新與創造力研究中心黃于娟小姐持續在枯燥乏味的寫作過程中給我的支持，中心助理賴姿妤小姐的極大耐心與呵護，總在我因為腸枯思竭，眼見就快要放棄時溫馨與善意的提醒，讓我不至半途而廢。

我最後最需要感謝的就是清華大學博士班許雅淑同學的大力協助，如果沒有她無怨無悔日以繼夜地整理文稿與研究工作，這本書無法如期完成。在全書中，若有任何疏漏、謬誤或不足之處，尚乞先進專家學者不吝指正。

當然更要感謝遠流出版公司，願意出版我這人生小小一段紀錄。無論中間碰到多少波折，隨著書稿的付梓，也算是為我自己創業的英雄之旅，暫時寫下了一個令人稍稍喘氣的落幕。

2014年初秋，台北

前言

行前地圖

　　人類歷史正在見證最具創意也最創新的時代，但對於創新的想像與渴求卻隨著風土有極大差異。原因在於，很多人並未意識到創意的本質已經改變，創意已經變成一種集體行動，滲透的領域遠超過文化藝術。或者更精確地說，創意正在模糊文化藝術、科技與其他領域的疆界。發明家、設計師和製造者一起工作，發展3D列印和隨處隨時的電腦運算，好萊塢電影公司運用「資料探勘」（Data Mining）技術決定要拍什麼片，運用這些方法，觀眾倍數成長，成本卻減少一半。美國電視公司選擇不再到傳統片廠拍攝，而是用電腦合成。舊有的價值系統正在改變，全世界運算最快的電腦中有超過八成使用的是開放授權碼軟體，線上網絡正在改變我們學習和娛樂的方式，新創科技公司就是新的搖滾樂。

　　在過往，創造力的研究聚焦於偶然的天才，他們擁有別人所沒有的資質。近二十年來，市場開始檢視創意和商業的關係，雖然天才的卓越才能仍然存在，但是支撐基本創造力的動能卻更廣泛和更多樣性。而創造力和創新的衍生物，為經濟活動加值，改造了二十一世紀。

面對網際網路開放與資訊透明化時代，透過網路的傳遞，每個人有更寬廣的生存形式，也有更多樣化的選擇，全球分工的資本主義社會的既有管制已快速瓦解。遊戲規則正在改變，水能載舟亦能覆舟，危機和轉機總是一體兩面，伴隨危機而來的就是更多的契機與轉機。全球資本主義的功利殘酷也造成社會連帶的瓦解與國家保護制度的崩潰，而個人的自由也意味必須承受更多的責任、挑戰與未知。創意已經成為一個高度競爭的行業，同時也是國家競爭優勢的來源。而追尋創意的方法是檢視過程中的各個階段：從原始構想、社會脈絡、到將想法導進市場的商業中，而個人、更大的社會和經濟體三者構成一個三角支撐。

人們無論身處何處都會是有創意的，但這些創意者的發想若想要獲得最大的發揮、並帶動創意經濟的話，他們需要居住在對的社會環境當中。他們必須知道其他人在做什麼，並由此讓自己的工作不僅跟別人不同，而且做的更好，他們需要能簡簡單單就獲得其他人資源的管道，並把他人的想法延續發展下去。

不論在何種時代，人類總會運用各種方式來探索並掌握自己的命運；在資源匱乏或分配規則不確定的社會氛圍裡，「競爭」可能變成社會運作的唯一原則，而在其他的氛圍中，唯有「合作」與「共享」才是更好的社會分工模式。而現在，「合作」與「共享」的時代已經來臨，這是以創意做為經濟動能的時代才能

實現的夢想。

在創意經濟時代，創意不但開拓了人類思考的空間也成為創業的驅力；創業象徵社會進步的勇氣與探索人類社會制度更多的可能。行動科技時代提供更多的生存空間與生命樣態，創業不只是一種商業行為，而是一種存在的證明、自我實現的過程。創業的目的，對於許多年輕創業家來說，已經不再如上一個世代的父執輩那樣，是為了生存，或是獲取更大的利益與追求更響亮的名號，而是在人生規劃的眾多可能性中，踏上實現自我的英雄之旅。

創意經濟時代的來臨，也許可以片面性遏止資本主義悲劇性的結局。以創意打造無窮可能的全新年代，跳脫福特主義規模經濟的暴力；用文化底蘊填滿商品經濟的虛無；用創業走出與眾不同的人生道路。

「創業」是一個動詞，就如同所有生命，一旦展開就是永無止盡的成長活動，即使能量耗盡凋零枯萎、生命走向終點之際仍未止息，畢生的精彩與心血將轉化成為孕育下一次創新創業的沃土。創業，沒有固定的模式與必勝的訣竅，創業之途不是康莊大道，而是一條充滿各種挑戰與嘗試、挫折與失敗、飽嚐人間苦暖的坎坷道路。即便如此，每一次的創業歷程都是不可共量、無可比擬、彌足珍貴的人生體驗。

　　儘管每個人投入創業的動機與目的各不相同，可能是為了完成自己的理想，也可能是對現狀不滿的反抗，各種不同的因素催促著他們上路，不論是主動或被動、不管是追求或逃離，這些創業家都在「創造」一種有別於以往的生命樣態。創業象徵的是突破自己生命瓶頸，掌握自己命運的主導權，是對自己生命與未來負起完全責任的勇氣。而創業家的精神是人間珍貴的禮物，是人類文明進步、社會經濟發展的主要動力。

　　這趟創業旅程將從個人的內心開始探索，逐漸走向組織與社會，最終是尋求一種超越，擺脫傳統的經濟思維，進而在整體競爭力上有所發揮的創意創業模式。這個過程本身就是一個相當複雜、艱鉅的工作。為了給創業家提供成長的具體助益，本書不單純地利用傳統製造業的上下游關係，而是借重心理學家如榮格（Carl Jung）、馬斯洛（Abraham Maslow）等學說，而且亦參考了當今故事力與創新文化的論述來做為我觀照創業之路的指南針。要如何幫助創業家，短期明快的解決方案也許有幫助，不過想要在創業這個領域經營長遠永續的境界與成果，則需要豐厚的文化底蘊與對生命的理解。

　　英國創意經濟之父約翰‧霍金斯（John Howkins）借用德國生物學者海凱爾（Ernst Haeckel）的「生態學」概念，觀察生物彼此之間以及與外面世界如何產生關係的學問；融合演化經濟

學、系統理論與混沌理論中的自我組織理論、人類行為與組織生
態學的認知，提出「創意生態」整體性系統概念，引用系統多樣
性、社群與適應等概念，對整個社會文化創意活動的發展有更深
更完整的理解掌握。所謂「創意生態」理論，是指在一個創意生
態圈，各式各樣的人可以在其中以系統化、適應性的方式表達自
我，利用既有想法產生新的想法；其他人即使對這種努力未必了
解，也會給予支持。[1] 相信這種相依相存、共生共創的關係與行
動才是創意生態的重點所在。

　　「創意生態」是一種強調思考與學習的生態學，著重於形成
一個能孕育創意的空間與動能，讓人們能夠持續不斷的產生構
想、開發創意並能交流分享的有機創意生態圈。約翰‧霍金斯提
醒我們應該擺脫工業生產規模經濟的思維，把眼光轉到創意活動
上，並且把發展焦點放在獨立思考並運用本身想像力的個人與組
織，由產業為中心的機構轉向以人為中心的流程。「我們不應
該把人視為經濟單位，而應視為自主性、有思考能力的個體。
我們必須認識的重點是個人如何運用各種構想來探索並重塑自

---

[1]　約翰‧霍金斯（John Howkins），2010，《創意生態：思考產生好點子》（*Creative Ecologies: Where Thinking is a Proper Job*），頁31。

己對世界的了解的動態過程。」[2]

　　正如約翰・霍金斯所預見,在創意經濟下「以人為本」的思維已經是未來的主要趨勢,越來越多研究都發現唯有從人的真正需求出發,才能創造出更符合人性、更和諧共存的社會。全球頂尖創意公司IDEO的執行長,也是知名設計大師布朗(Tim Brown),就大力提倡「以人為中心的設計思考」,強調必須從人的渴望與需求為設計思維的起點,理解消費者,從中獲得靈感,尋求突破性創新。「設計思維不僅以人為中心,還是一種全面的、以人為目的、以人為根本的思維。」[3]所謂的創新是指用不同觀點來想像世界、學習感同身受的領悟力、深刻的觀察、保持開放的心態,整個過程從各式各樣的發想可能開始,一一化為具體的理念與想法,進而採取行動執行與落實。布朗認為我們要更進一步透過這種以人為本的設計創新思維來思考產品與服務,兼顧人的直覺能力、創造能力、以及運用各種媒介表達自己的能力,超越理性與感性的二分,以整合概念作為領導企業組織、社會團體的方式。在IDEO公司內部有一個說法:「作為一

---

[2]　同上,頁42-43。

[3]　提姆・布朗(Tim Brown),2010,《設計思考改造世界》(*Change by Design: How Design Thinking Transforms Organizations and Inspires Innovation*),頁4。

個整體，我們比任何個體都聰明。」[4] 這正點出了所有團體、組織存在的意義，超越個人的集合正是開啟創造力的鑰匙。

　　談論創業如何成功以前，首先必須了解創業的動機。「個性使然」，常常被用來解釋人的生命狀態的深層原因。「一個人為何要創業？」這個問題不一定來自創業家本身主觀感知，而是從人的類型與意義的追尋探討可以獲得相當多的啟發。瑞士心理學大師榮格提出的人格類型是浩瀚複雜內心大海中的指南針，讓個人判斷自己從何而來、又為何而去，這張地圖不僅可以用來了解自己，還能探索人與社會之間的相處之道。「創業家性格」可以視為一種創業的必要特質，也可以視為創業家獨一無二的優勢。但這些優勢並不是固定不變的定律。許多創業夥伴結盟之後卻走上分道揚鑣之路，也是因面對目標所採取的策略與價值不同而引發。我將以這個面向探討創業家的差異性，試著從人格類型來看不同創業動機、創業類型、發展模式的影響。我以坎伯（Joseph Campbell）的英雄之旅做為創業成長的概念，用來理解內心世界中那條回不了頭的不歸路。坎伯在1948年出版了一本撼動世界的巨著《千面英雄》（*The Hero with Thousand Faces*），是坎伯

---

[4]　同上，頁23。

針對各種神話背後的原型進行研究，以不同文化中共有的英雄冒險故事為焦點，分析蘊含在不同故事背後的同一型態。他從世界各地以及許多歷史階段的神話故事中，找出一種特定、典型的英雄行動規律，稱為「英雄之旅」。創業的英雄神話歷險的標準路徑，乃是成長儀式準則的放大，亦即從「隔離」到「啟蒙」再到「回歸」，脫離平凡世界，進入新的領域、體驗奇幻力量，取得勝利，帶著仙丹返還，這趟旅程就是單一神話的主要核心。原來所有的創業歷程都是一座接著一座的故事山，也是一趟又一趟波瀾壯闊、精彩萬分的「英雄之旅」。所有的故事後面都是一個人最終要面對的「人生」。

創業，雖然往往因一人而起，但也不可能永遠單槍匹馬的奮鬥。一個企業的成長也必須有結伴同行的導師貴人、盟友與助手。英國劍橋大學商學院所屬的「創業學習中心」（Centre for Entrepreneurial Learning, CfEL）主任夏倫特拉・維克納（Shailendra Vyakarnam, 1997）就曾指出，快速成長的企業大部分都是由團隊而非個人創立，他將創業過程分為「自發性創立」、「尋求成長」、「設立願景」與「制度性成長」等四階段。當然這只是簡略的區分，但已經凸顯出個人創業過程和企業的成長都與「英雄之旅」相似，必須經歷許多冒險階段，而各個階段都有不同的任務目標與危機挑戰。組織是創業旅程中最重要的歷練之

一，除了商品服務與市場外，如何從一個創業家蛻變成為一名睿智有遠見的企業家與團隊領導者，往往是決定創業成敗的關鍵。

　　從1970年代以來，組織已經成為社會科學各領域爭相研究的對象，包括管理學、社會學、心理學、經濟學等各種學科都分別從不同的觀點探討組織的種種議題。我們將把梳相關的組織發展理論，說明組織發展階段與英雄之旅故事歷程之間的親近性，例如拉瑞‧葛雷納（Larry Greiner, 1972）提出經典的「組織成長階段理論」，他將企業成長分為五個不同階段，組織成長的五階段分別是創造、指揮、授權、協調、與合作等方式產生的發展，然而又因此帶來不同的危機。這五個階段所面對的問題分別是領導的危機、自主性危機、控制的危機、繁文縟節的危機、以及其他未知的危機，每一階段組織發展都必須克服危機才能順利進入下一個階段。

　　另外，麥霍德‧巴亥（Mehrdad Baghai）等人（1996）研究指出企業成長的三個層次，分別是：一、延續及鞏固核心業務，如何把既有的業務做得更好更有效；二、建立新業務，可能已經獲利，也可能尚未產生利潤；三、夢想的階段或實驗的階段，天馬行空想像可能的機會和空間。[5] 這種企業成長層次的概

5　葉匡時、俞慧芸，2004，《EMBA的第一門課》，頁246。

念類似安索夫（Igor Ansoff）所提出以「新產品」或「既有產品」，以及「新市場」或「既有市場」等四個構面，來分析企業成長的可能方向為：市場滲透（以既有產品對既有顧客加強行銷，以增加既有顧客對既有產品的使用頻率或使用場所）、產品發展（發展新產品服務既有顧客）、市場發展（以既有產品服務新顧客）和多角化（發展新產品服務新顧客）。[6]

這些企業發展理論和IDEO所提出「以人為本的設計思維」計畫解決方案途徑很類似，IDEO指出三種不同的發展模式，針對既有使用者與現有產品的發展是累積性發展；讓既有使用者採用新產品，或是將現有產品推廣到新的消費者，稱為演進發展；唯有開發新產品、開拓新的使用市場才稱得上是革命性的發展。

然而，不論是拉瑞・葛雷納的組織成長五階段理論，或者麥霍德・巴亥企業成長的三個層次，還是IDEO所提出「以人為本的設計思維」解決方案，其中最基本的歷程都是英雄之旅的故事結構，從自我（ego）出發、到靈魂（soul）、到返還（self）三階段自我實現歷程。

---

[6] 同上，頁251。

　　以IDEO提倡「以人為本的設計過程」為例，其中有三個主要階段，分別是傾聽、創造、傳遞（Hear, Create, Deliver, H-C-D)。傾聽（Hear），是從研究對象上收集相關的故事與靈感，為田野研究進行準備安排；創造（Create），是將所聽到的故事材料轉譯成為研究框架、機會、解答與原型：把具體的材料轉成抽象的思考，分辨重點與機會，提出解答想法與原型建構；傳遞（Deliver），藉由快速帶來收益與成本模式化、能力評估與實行計畫來貫徹解決方案，此階段是具體改變的行動。簡單來說，就是從現實世界中的具體觀察出發，經過思考抽象化，再將抽離出來的創意、想法、概念，以實際行動改變現有世界的整體過程。

　　然而，「設計思考」對問題的思索和「英雄之旅」的故事結構不謀而合，主角都是從平凡世界出發，進入世界進行探索，最終取得仙丹返回，帶著所經歷的一切成長與磨練回來改變原有的平凡世界。如艾略特（T. S. Elliot）所言：「*我們不會停止探索，而我們的一切探索，終究會回到最初的起點，如初來乍到般重新認識這個地方。*」[7] 組織成長過程就是由一連串追求自我實

---

[7]　吉姆・柯林斯與波里・波拉斯（Jim Collins and Jerry Porras），2007，《基業長青》（*Build to Last*），頁314。

現的英雄冒險故事所組成，成長都是來自於自我價值的肯定與觀點的創新和轉變。

　　企業也和個人一樣，需要超越經濟之上的生存目的與核心價值，如果將企業視為追求最大利益的經濟單位便是犯了唯經濟論的謬誤。二十世紀相當重要的組織管理巨著《基業長青》（*Built to Last*）的作者柯林斯（Jim Collins）與波拉斯（Jerry Porras），在2004年就透過龐大的實證資料研究調查結果揭示，「獲利」並不是企業持續發展的動力，讓企業永續經營的原則是其「核心價值」。尋找能超越創始理念、更深刻而持久的存在目的，是所有優秀的企業持續發展生存的關鍵動力。

　　柯林斯與波拉斯打破以往將企業成功繫於偉大企業家或領導者一人成就的迷思，認為所有高瞻遠矚的公司都能明白成功乃來自深植於組織內部的基本流程和動力。並且打破過去非黑即白的二分思維，兼顧崇高的理想與務實的利益，雖然賺錢不是唯一目的，但這些公司通常都能非常獲利（而且獲利頗豐）。

　　追求獲利與堅持核心價值原本就不應該是零和的關係，「獲利是生存的必要條件和達到更重要目標的手段，但是對許多高瞻遠矚的公司而言，利潤本身並非最終目標。利潤之於企業，就像氧氣、食物、水和血液之於人體一樣，雖然不代表生命的意義，

創意靈感總是在最沒有壓力的空間下產生。
圖為坐落在英國東倫敦Brick Land街區的咖啡館，近年來因2012倫敦奧運的開發，成
為最時尚的創意街區與獨立咖啡館的聚集地。

但如果沒有了它們，生命根本無法存在。」[8] 對於企業而言，利潤當然重要，但無論如何，利潤都只能是追求核心理念的手段，絕不能成為目的本身。

柯林斯在2001年的另一本巨著《從A到A+》（*Good to Great*）中，更具體指出他研究的目的就是在企業組織運作「巨變中尋找不變的通則」，他深信，不論周遭的世界如何改變，世上仍然有恆常不變的根本價值與通則。[9] 有核心價值主導的組織將不會沉迷於財務報表的數字遊戲，也不會執著於股價的高低起伏，管理者的自我修練才能使創業家投注更多心力追求有價值的創意策略與生存之道。

也因此，我將探討以人為本的思維對組織的構成與運作所產生的具體影響，包括從榮格的理論觀點探討組織發展、討論商業品牌優勢與創新思維、以及合作在組織運作中所扮演的角色與重要性，並且結合約翰・霍金斯「創意經濟」中創業歷程分析，探討在每一個企業組織形成之前的創意發想、累積資源、落實發展的各階段工作與努力。最後我們回到約翰・霍金斯「創意生態」理論，探討全球各地興起共同工作空間趨勢所代表的意義，以及

8　同上，頁101。

9　吉姆・柯林斯（Jim Collins），2002，《從A到A+》（*Good to Great*），頁17。

將共同工作空間視為創意經濟下創意聚落平台的可能，這也是未來台灣創業生態的主要理想。

創業最共通的語言就是解決難題，而一個創業的真諦在於面對問題與解決問題的過程。在這個過程中，摸索成長最重要的工具就是面對問題的紀律。沒有紀律的另一個代名詞就是逃避，逃避了現實也就是創業的終點。

放眼看去那些被世人歌頌的創業故事，往往只是真正創業故事中的冰山一角，許多人在創業之前就被各種困難擊潰，太多夢想因為過於沉重而被嘲笑或遺忘，創業的種子在還沒開花結果，甚至尚未萌芽之前就被巨大的現實力量所折服。創業，就是一趟又一趟的英雄之旅，啟程之前需要歷經召喚、結交盟友、遇上導師，踏上冒險之路、進入第一個門檻、遭遇各種挫折挑戰，最後方能取得仙丹返還。然而，我們看到創業故事往往只擷取片段，省略了最初、最掙扎焦慮的痛苦與努力，忽略了創業初期信心的建立、尋找創業伙伴、醞釀創意、掌握市場；以及團隊的組成，包括能力的深化、市場測試、尋找資源；還有進入市場之前的預習與演練，包括商業模式確立與修正、商品化的策略、募資的計畫等等將理想實現的具體行動方案的擬定。

然而，正是這些前端的磨練過程，才能讓英雄具備充分的能力、智慧與武器去面對未來的所有挑戰。而我的理想是希望這個

社會能提供一些祕密基地，讓這些英雄們在踏上戰場之前有一處棲息、修練之地，讓創新創業的種子享有短暫擺脫現實壓力、自由呼吸萌芽的機會，跳脫制式化的空間與時間，讓思考自由、創新開放，唯有如此才能完全拋開舊思維與現有體制的限制，產生創新與創業的動力。

我相信在創意經濟時代中，「創業」不是商場上殘酷無情的敵我廝殺，而是追尋自我價值實現的歷程；「組織」不是資本牟取最大利潤的工具與手段，而是人與人之間合作相依、共享資源相互扶植的團體聚合；「品牌與行銷」不是擴大市場版圖的策略性計謀，而是用心交流，共同打造這些人物的生命傳奇以及屬於這個世代的神話故事。

附錄　想像與真相之間：霍金斯離台之後

原載《工商時報》2014/4/13

被譽為「創意經濟之父」的英國文創大師約翰・霍金斯（John Howkins）日前受邀請來台，為創意與媒體產業的未來獻策。除了拜訪馬總統，與各界資深媒體人面對面，也發表大型公開演說。

奧斯卡餘溫未褪，李安把小金人獎座獻給台灣，當他發表奧斯卡最佳導演獎得獎感言時特地強調，如果沒有台灣的幫助，絕對拍不出《少年PI的奇幻漂流》。這番讚美無疑為台灣媒體產業做了最好的全球宣傳，也讓李安的故事成了霍金斯這次的台灣之旅，最熱門的話題。

霍金斯來台時我有許多隨行的機會，印象最深刻的是他談到「給台灣的一個好消息與一個壞消息」。他認為，創意經濟的本質，是個人的智識與技能。所以好消息是，創意人無國界，只要是一個優秀的創意人，就能在全世界任何角落發光發熱，因此台灣也會是一個選擇。但壞消息是，如果一個平台一個城市無法提供創意人所需要的養分與土壤，最好的創意人才也只會遠走他鄉。

他這番話，也點出了台灣未來所勢必要面對的挑戰，如果台灣不能成為一個留得住創意人才的社會，我們未來在世界創意經濟競局之中勢必被淘汰。霍金斯認為台灣不需要高舉效率與競爭力大旗的傳統產業思維，而要變得是一個讓創意人願意棲息的地方。他並呼籲：如果你是創意人，請往比你更好的人才聚集的地方移動，那樣才能讓自己變得更優秀。

霍金斯所說的，其實是正在發生中的事實。除了李安，還有更多台灣出身的人才在全世界不同的舞台發光發熱。而和他們一起合作或競爭的，也同樣是來自世界各地最頂尖的專業人才，因為這樣的生態，產業和人才都可以不斷的進步，如此生生不息。而我們該思考的，不該只是如何培養出下一個李安，而是如何讓台灣成為一個有吸引力的地方，讓那許許多多來自世界各地的李安願意來台灣工作與生活。

霍金斯也同時提到，討論「創意經濟」並不是在談經濟問題，經濟並不是這件事的目的思考因子。創意經濟的關鍵是「人」，發展創意經濟的目的也是「人」，也就是透過發展人來創造一個更適合人生活的社會。所以如果一直著眼於產值，估量著發展創意經濟的對價關係，再用這些計算來決定要有多少投入，這樣做只會讓台灣再一次淪為代工國家，也只能永遠為創意經濟的強國打工。

所以，在思考如何發展經濟時，霍金斯建議我們要回到根本來思考，認真仔細的來過生活。想清楚什麼是自己最愛的事，並且努力去把它做好，他認為這就是在培養創意經濟的土壤，唯有把土壤準備好，之後的播種施肥才有意義。他的觀察心得是，「人性」和「自由」是發展創意經濟最重要的兩種養分，如果台灣能持之以恆的把這兩種養分充分的融入我們的食衣住行生活裡，假以時日，我們的社會思維和價值體系一定會慢慢轉型，台灣也就能不斷進步，並且成為一塊永續創意生態之地。這番話說得令人振奮，引起許多迴響。

霍金斯離開台灣之後，我問了當天在場的一位學生，想聽他的

感想，得到的反應卻讓我非常吃驚。這孩子告訴我，他感到有點失望，因為霍金斯的演講所謂「以人為本」的思維，聽過太多遍了，與他們每天所經歷的人生相違背。這些還在讀大學的學生認為，目前大學裡的許多老師，專業知識跟不上時代的變動，大學淪為倚老賣老的學習環境，顯然和霍金斯所談的永續創意生態完全不同。他們若有機會，能力再好一點，一定會馬上出國，而這一走，就如同霍金斯說的：創意人才以世界為家。

　　我也是台灣教育體系的一員，對此除了心裡暗自警惕，再度想起霍金斯心目中的李安經驗。他說，李安經驗對於台灣產業發展策略會是一種誤導。像李安這樣受美國電影產業薰陶成器的台灣孩子，其實只是個令人驚喜的偶然，但是下一個李安是不可預期的、不可複製的。李安對台灣的肯定，給了電影產業無盡的想像，但真相如何，才是我們應當有所警覺的。

第 一 章
創業的英雄之旅

到底我們是準備去追尋聖杯還是荒原？也就是，你是準備去追求
靈魂的創意性挑戰，還是只追求經濟上有保障的生活？是準備去
活在神話裡面，還是只打算讓神話活在你裡面？[1]

——坎伯

創業，是一種生命的轉變與實踐

本書的概念源自於坎伯1948年出版的《千面英雄》。在這
裡，我所指的「創業」，不是一種特定的經濟行為模式，而是告
別舊有、展開追求新的生命實踐；這裡的「英雄」，不是擁有權
勢地位與財富的成功人士，而是每一位勇於踏上未知旅程的勇
士。

無論是遭受到環境變化的不得已，或者是自我覺醒的抉擇，
創業是從被動到主動的過程。許多人投入創業之際都是處於人生
的轉捩點上，在創業之前是配角，順著既定的劇本，配合別人適

---

[1] 所謂的「荒原」是一個人們過著不忠於自我的生活所在，如果人一生之中從未做
過自己想做的事情，那便是生活在荒原之中，只是個枯槁之人。而「英雄之旅」
是尋找自我的過程，是通向榮格所謂個體化的道路，是決心成為自己的一切努
力，能完成一個人的命運就是人生最大的成就。
此段話引自菲爾・柯西諾（Phil Cousineau）編，2001，《英雄的旅程》（*The
Hero's Journey: Joseph Campbell on his life and work,* ），頁15。

應體制；個人的存在與任務就是了解別人的需要以及順從體制的規範，循著別人制訂的遊戲規則生活。這樣的題材也往往成為好萊塢電影母題。劇中男女主角通常面臨生命或是事業的瓶頸，無法忍受自己的生活一成不變，或主導命運的權力一直操縱在別人手中，甚至有了一切之後發現自己並不擁有生命主導權而做出改變。在現實生活裡的創業之旅也是如此，每位創業家踏上這條路的動機和原因都不盡相同，可能是為了完成自己的理想，也可能是對現狀不滿的反抗，各種不同的因素催促著他們上路，不論是主動或被動、不管是追求或逃離，這些創業家都在「改變」，或是「創造」一種有別於以往的生命樣態。

　　每一位英雄從平凡世界出發，外出冒險，進入超自然奇蹟的領域；他在那裡遭遇到奇幻的力量，並贏得決定性的勝利；最後英雄從神祕的歷險帶著給予同胞恩賜的力量回來。[2] 這套英雄歷險也被稱作單一神話（monomyth）。[3]

---

[2]　坎伯（Joseph Campbell），1997，《千面英雄》（*The Hero with A Thousand Faces*），頁29。

[3]　單一神話的主要核心，是指所有故事的敘述方式都依循著古代神話的模式，具有相同的結構要素與基本形式。這套模式不僅僅存在於各種神話、傳奇故事與小說等文學作品之中，而是構成人生歷程的基本節奏，各種看似複雜多元的生命樂章，其實就是由一連串穩定、轉折、改變、學習、成長、再穩定、再轉折等無止盡的英雄歷險組合而成。

　　好萊塢著名故事編劇顧問克里斯多夫・佛格勒（Christopher Vogler）就曾指出，坎伯偉大之處在於說出了「埋藏在故事結構中生命的原則」：

　　英雄旅程並不是憑空捏造出來的，而是觀察所得：是對美麗設計的認知，是一套掌管人生作為及敘述的原則，正如物理和化學之於自然世界一般。我們很難不感受到英雄旅程中所呈現的永恆真實，就如同柏拉圖式的理想形式，是一種神聖的典範，不論任何情況都存在某處。[4]

　　英雄之旅不只是文學世界的故事，而是在現實生活中每一座生命舞台上時時刻刻的演出，而創業正是我們這個時代最熱門也最重要的戲碼。

　　在快速變遷的社會環境，傳統與穩定已經不是邁向未來的成功保證，當個人無法跟隨前人的腳步與規則時，唯一選擇就是自己開路、創造規則，學習儼然已經不是經驗的複製與傳承，而是

---

[4]　克里斯多夫・佛格勒（Christopher Vogler），2013，《作家之路：從英雄的旅程學習說一個好故事》（*The Writer's Journey: Mythic Structure for Writers*），頁21。

一連串探索、追尋和試驗的旅程。於是，創業成為當代累積經驗、實踐自我的重要途徑，而創業的英雄之旅就是成就當代英雄的冒險歷程。

「業」本身就是「生活」（life）的意思，每個人都必須當自己人生的負責人，決定自己的存在，就算是一個受薪階級的職員，他的態度也可以改變工作的意義，並定義自己的人生事業。如同坎伯所說的：「人們總是認為，改變事情、改變規則，以及依賴上帝在上面等等方式，才能解救世界。不！任何活生生的世界，就是一個世界。你要做的事情是把生命帶進去。而唯一做到的方式，便是在你自己的例子中，找出生命所在，並使自己有生氣。」[5]

所有的故事都要有個開始，然而，所有的開始都醞釀著轉變的種子，宣示將要告別舊有的狀態，迎向嶄新的未知。生命的誕生就是人類第一個重大轉變，從哇哇（呱呱）落地那一刻起就和孕育自己十個月的母體進行一場轟轟烈烈的告別，展開自己獨立嶄新的生命之旅。正如奧圖・蘭克（Otto Rank）在《英雄誕生的神話》（*The Myth of the Birth of the Hero*）中宣稱：

---

[5]　Joseph Campbell, 1991, *The Power of Myth*, p. 252.

每個人在出生時都是個英雄，在那過程中他們經歷了一個心
理與生理上極大的轉化，從一個充滿羊水環境的小水生動
物，變成一個呼吸空氣的哺乳動物，最後還會站立。那是個
巨大的轉型。假如這是有意識的過程，那一定是一種英雄行
為。[6]

這段話揭示了英雄行為的兩個重要特質，一是轉變、一是有
意識的過程，英雄之旅的起點是來自於主動轉變生命軌道的勇氣
與行為。啟程是一種狀態的轉變，歷險是不斷接受挑戰的過程，
不是所謂的「英雄」才能完成英雄之旅，相反地，是在英雄之旅
的歷程中才能創造所謂的英雄。

任何的改變都是冒險的開端，包括家庭、愛情、婚姻、工作
等都是如此，任何一種關係的建立都是充滿了挑戰與未知，開始
也意味著結束，就如同出生必走向死亡，所有的事件都是一種循
環。在人生中有無數次的英雄之旅，創業也是如此，是持續開創
新的可能與追尋自我的努力。

傳統與規則是一個社會秩序穩定的必要條件，但在快速變遷

---

[6]　Ibid., p. 214.

的社會環境中，這些將成為壓抑個人自由與創意的桎梏。人從小到大都不斷的學習社會行為的準則，從家庭、學校、公司，都不斷在灌輸、教育個人「應該」如何生活；而周遭每個人都在「期待」你／妳要如何生活。在多方壓力下，每個人都覺得自己「應該」要做什麼，但又能隱隱約約感受到自己「想要」做些別的。人生就在許許多多「應該」與「想要」之間掙扎，以取得一個能安身立命的平衡。

因此，一個社會越強調穩定、扼殺創造力與想像力的可能就越大。或者說，一個主流價值越重視秩序與穩定的國家，在文化與創意產業上就很難有亮眼的表現與出色的成績。極權國家壓抑個人的是政治體制與國家力量；在一個高度資本主義的國家中，侷限個人選擇的則是功利理性的計算模式。對一個穩定的社會而言，創意、創新就意味著顛覆秩序的可能，將會對原本的穩定和諧狀態帶來巨大的衝擊與破壞。因此，創新勢必比守舊需要承受更大的社會壓力與挑戰。

然而，創業所象徵的正是生命的轉變，當過去熟悉穩定的生活已經無法承受，陳舊的觀念傳統、僵化的體制規範與感情模式已經不再適用，日復一日的重複生活已經索然無味之時，那就是要走出現狀、跨越已知、邁向未知之時，踏上英雄之旅的時刻已經來臨。就如同坎伯從神話中揭示轉變的訊息：「神話告訴我

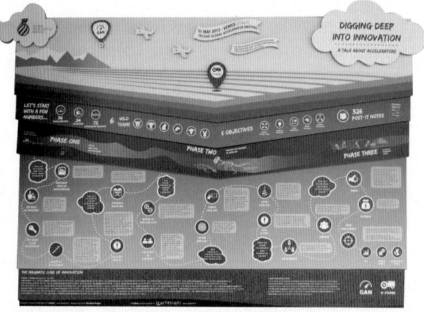

雖然創意總讓人感覺是靈光乍現,但是它也是需要一片肥美的沃土。
圖為義大利威尼斯H Farm育成中心的創意創新創業關聯圖。

們,救贖的聲音來自深淵的底層。黑暗時刻傳來的真正訊息是:
轉化即將到來。最晦暗不明的那一刻,也就是光明到來之時。」[7]
生命的轉變也意味著創新的契機與再生的可能,當然,也可能意
味著衰敗與死亡,但無論如何,唯有「轉變」才能產生「創造、
創新、創意」的能量。

---

[7]　Ibid., p. 66.

創業之旅的生命課題

「生命中有不同的里程碑，而每一次探索，都能為我們帶來新的能力和發現。」[8]

創業之旅的精彩處，來自於過程中充滿變數、未知與不確定性與不可重複性。但是一如一年裡的四季，任何生命都得經過誕生、成長、衰老的週期。坎伯也將「英雄之旅」區分為三個階段，分別是隔離、啟蒙、回歸。如果把這概念應用在創業歷程上，大致可分成三個主要階段：準備期、探索期、返回期。

在「準備期」，為了達成更高的理想，培養自己的能力、勇氣與信心，這階段創業家主要是為了生存，努力培養各種技巧。在「探索期」，創業家遠離舒適圈，開始邁向各種未知挑戰、痛苦折磨，學習超越自我，取得生命的意義與價值。最後在「返回期」，創業家成為自己的主人，投入改變現實世界，或是從失敗中重新生活。

---

[8]　卡蘿・皮爾森（Carol S. Pearson），2009，《影響你生命的12原型：認識自己與重建生活的新法則》（*Awakening the Heroes Within*），頁4。

　　A. 在「準備期」主要有兩個創業階段，分別是創業童年期與青年期，其代表的原型是童年期的天真者與孤兒；青年期的追尋者與愛人者。[9]

童年期
無論創業的主題是什麼，創業的童年期需要的是安全感。主要任務是從概念的發展到能獨立運作，具有天真者的樂觀自信與孤兒的獨立自強同時並進，當這兩種原型力量整合之後，創業家就能對各種情勢有正確符合現實的判斷。天真者會樂觀自信，卻容易受騙與錯估情勢，忽略潛在危險。孤兒則是傾向於悲觀消極、敏感脆弱，無法信任他人、往往覺得無能為力而憤世嫉俗。如果能在創業初期整合這兩種特質，釐清內在理想與外在現實世界的困境之後，就是安全感的來源。

青年期
創業的青年期的課題是認同感。追尋者注重獨立自主，害怕自我會因親密關係而犧牲，因此會遠離團體與親近關係。追尋者喜歡走不同的道路、探索不一樣的世界，不願意被常規束縛，喜歡特立獨行。愛人者則是必須透過愛而發現自我，喜歡親密關係，親近團體及渴望被愛與歸屬。整合此兩種原型的方式是具有愛及承諾的能力，同時又保有獨立意志，可以做自己也能擁有愛，「自我認同代表一種自主意識，一種表現對人、對工作、對地方、和對信仰的真正承諾。」[10]

9　如果以卡蘿・皮爾森所描述的生命原型發展模式來看，這三個階段又分別可以代表創業的「童年與青年期」、「成年與中年期」、以及「成熟與老年期」。「生命的每一個階段中，我們都必須要學會那個生命階段中的特殊課程。」（Carol S. Pearson, 2009: 331）

10　Carol S. Pearson, 2009: 346.

B. 在「探索期」主要有兩個創業階段，分別是創業成人期與中年轉變期，其代表的原型是成人期的戰士與照顧者；中年轉變期的破壞者與創造者。

成人期
創業成人期主要課題是「責任」，在這個階段，創業家的任務集中在讓事業變得更穩固，足以負擔每日營運中的挑戰和各種責任。影響原型有戰士與照顧者，兩種原型都會讓創業家更勇於負責、勤勞刻苦並且能捍衛組織與企業，但兩者分別是透過不同的方式來達成目標，戰士是透過自我主張和奮鬥，採用的方式是以競爭與成就來完成，甚至可能會為了目的不擇手段，犧牲他人來獲取勝利；而照顧者則是透過照顧和自我犧牲，透過給予、賦予他人力量來完成目標，甚至可以犧牲自己來幫助別人。事實上，所有公司的管理階層都需要具備這兩種原型特質，才能帶領團隊設立並完成目標，還需要培養勇氣與紀律，學習照顧自己與他人。

中年轉變期
在中年轉變期，影響的原型是破壞者與創造者，主要的課題是真實性，象徵轉變、放棄之前發展的自我認同，轉向一個更深邃、更真實的本我發展。破壞者與創造者是學習以不受文化預設、社會框架所束縛的方式來表現自己。破壞者原型會幫助我們拋棄不再適合自己的成長事物，而創造者能幫助我們重新創造並且找到新的自我認同。中年轉變期代表重新定義檢視自己與人、與工作以及與團體之間的關係是否適合。「『真實』能讓我們面對死亡，因為除非我們真正意識到『人之將死』，否則我們不會感覺到內心是多麼渴望成為真正的自己。」[11]

---

[11]　Carol S. Pearson, 2009: 354.

　　C. 在「返回期」主要有兩個創業模式，分別是創業成熟期
與老年期，其代表的原型是成熟期的魔術師與統治者；老年期的
智者與愚者。

成熟期
創業成熟期主要的課題是權勢，是幫助創業者承認並展現自己的能力。魔術師和統治者都是教導我們改變、治療和促進世界改變，兩者都了解外在世界呼應內在世界，而內在世界也會反應在外在世界的「同步性」，但兩者使用的方式不同，魔術師是以創造與改變的方式進行，太過可能會引起混亂與不安；統治者是以管理規範、設定方向、維持秩序等穩定方式來進行改變，但可能會造成僵化停滯的風險。如果能整合這兩種原型，就能運用力量改變世界，創造內在的完整與外在的團結，實踐自己內心真正的理想。
老年期
最後是老年期，主要的生命課題是自由，原型是智者與愚者，兩者都是強調放下渴望與執著，享受活在當下的自由。智者會讓我們體悟整個生命的過程，了解生命的意義，卻容易和生活脫節。愚者是活在當下享受生命，卻容易忽略了生命的意義。整合兩者則能讓我們了解生命的全貌、肯定生命的意義，讓我們坦然面對死亡並且加以超越。探索之旅在我們返回原點、進行改變之後就圓滿達成，開悟讓我們超越內心的探索，獲得真正的自由與解放。

創業家的年紀

如果我們換個角度思考影響創業的原因與變數，就會發現，雖然同樣都是新創公司，每一家的歷程中也會因為主事者與組成成員的年紀和心境而有不同的理想與行為模式。每一位創業家的創業之旅都和自己的生命週期與歷程息息相關，因此會展開迥異的創業歷程。年輕人的創業之所以被積極鼓勵，是因為年輕所以無所畏懼，既沒有太大機會成本的風險，也沒有多餘的牽絆和壓力。這些頂著高科技產業光環的社會新鮮人充滿活力與熱情，不服膺於他人或特定體系，未來充滿無限可能。以目前最熱門科技產業創業熱潮為例，這一波年輕創業家大部分都是數位原住民，以電子、電機、資訊軟體設計相關科系畢業居多。這些新興世代，是媒體寵兒，社會資源也大規模的投入，紛紛成立許多創業獎勵競賽，政府各部門也將其視為重點發展計畫。

但是，很多時候這些看似主動積極的年輕創業家，事實上是處於無意識的被動狀態，因為這類型創業家的選擇往往是受到社會形象所指引。追逐當今社會的創業頭條新聞與潮流，這些潮流是被許多媒體、創業競賽、創業獎金所建構而成，一旦潮流轉變，他們也會立刻見風轉舵，朝向另外一種潮流而去。如104人力銀行創辦人楊基寬曾提到：「*以網路創業為例，八、九年前，*

當網路風正盛時，大部分以電子商務創業的人都是跟潮流走，這些人在從事創業時，對網路純粹是一種『運用』而不是『動機』，如果沒有動機，只是盲目跟隨，就無法提供特別服務，如此一來，就可能很快地被市場淘汰。」[12] 年輕的創業家往往不是一開始就能清楚找到自己真正的理想與渴望，而是透過創業歷程中每一步的摸索逐漸累積，才能找到真正的創業理想與人生意義。

中年創業家則大不相同，他們往往經過生命的重大歷練或者是領悟，才會選擇創業之路。也因此中年創業家通常會比年輕創業家更清楚自己真正追求的理想與目標，他們能更專注、堅決的完成創業的旅程。

不過，相較於年輕創業家，中年創業的創意空間與思考模式也容易受到過去經驗與成見的束縛，比較缺乏創新創造的彈性與活潑改變的能量。如中國電子商務龍頭阿里巴巴集團執行長馬雲在2010年到台灣訪問時，聽到與會的台灣企業大老們高談創新，回去中國後他說：「我說台灣沒希望了，假如七八十歲的人還在說創新。」這句話也引發對台灣企業家老齡化的批評，對比中國

---

[12]　楊基寬，2005，《創業家的8項修練》推薦序。

創業家的心境與環境自然使他們發展出與生命經驗相似的產品。
圖為政大創立方的創業家們在創業市集園遊會上大顯身手，引吭高歌。

企業家，台灣企業顯得暮氣沉沉，檯面上的企業大老都已經步入老年，郭台銘六十四歲、張忠謀八十三歲、施振榮七十歲，相較於中國的百度李彥宏四十六歲、小米科技雷軍四十五歲，連馬雲才五十歲都已經卸任阿里巴巴集團的執行長，相較之下，台灣企業顯得毫無活力與創新的可能。[13]

　　然而，這些用台灣企業家老齡化的現象來批評台灣無法發揮

---

[13]　顏擇雅，2014，〈企業家都是老人 問題出在哪？〉，《天下雜誌》，第542期。

創新創業潛力的言論，一方面忽略了世代差異對價值選擇的影響，事實上，不同創業年紀生命歷程的差異會造成創業動機、創業類型與創業資源的不同；另一方面可能是社會環境、政治制度、教育體系的影響，導致世代之間對於創業這件事在認知上產生根本性的歧異。

不同世代、不同社會環境會醞釀出不同的創業模式，中國與台灣不只是經濟，在產業發展結構上也有所差異，台灣六〇年代就開始發展加工出口開創經濟奇蹟，造就王永慶那一代的企業家；七〇到八〇年代搭上高科技產業全球商品鏈的代工列車，用薄利造就了目前張忠謀、郭台銘、曹興誠與施振榮這群「高科技代工」產業中龍頭企業的領導者。這些建立龐大代工王國的創業故事反覆歌頌的創業模式與創業家特質，都只是過去對創業與創業家的刻板印象，事實上，台灣並不是缺乏新一代的創業家，而是這些新生代創業者的創業模式並不符合傳統社會的期待，以及他們所追求的價值和理想與老一代的企業家並不一致。關於世代間創業動機與價值選擇的差異，在第三章「創業的理由」中將會透過原型理論進行更詳細的說明。

提出創業生命課題與創業年紀所代表的意義是我們必須理解不同階段發展的差異，不管是榮格個體化的過程（自我、靈魂、本我）、還是英雄之旅（啟程、啟蒙、返回）、創業英雄之旅

不同性格的人會選擇不同的創業模式。
圖為紐西蘭陶藝家Jim Cooper在台灣以當地元素作為創意靈感的來源。

（準備期、探索期、返回期）、或生命週期（青年、中年、老年），到創業歷程（獲得靈感、建立信心、資源整合、進入市場、組織化）等各種看似迥異的階段發展架構，事實上，都具有類似相同的原則，都是描述自我成長的發展轉變。但因為每個英雄擁有不同的生命經驗與歷程，而對創業之旅有不同的期待與實現。簡單的說，創業英雄之旅就是每一位創業家在各自人生歷程中，每一次對事件終結的敘述過程與理解，是持續從自己生活經驗中找到存在價值與意義的努力。

第 二 章
創業的試煉

　　市面上關於創業的傳奇故事多不可數，但這些故事所描述的往往只是真正創業故事中的冰山一角，大多集中在創業成功的過程，對於創業初期靈感的來源、信心的建立與尋找導師、同伴過程中的點點滴滴，常常只是輕描淡寫的帶過。事實上，創業準備期是一段漫長難熬的心理轉變歷程，像所有英雄之旅一樣，真正進入創業歷險之前需要歷經召喚、結交盟友、遇上導師，踏上冒險之路，才能進入第一個門檻。有鑑於此，接下來將以英雄之旅的架構分析創業準備期所需要經歷的各種試煉，正是這些磨練才能讓英雄具備充分的能力、智慧與武器去面對未來的所有挑戰。

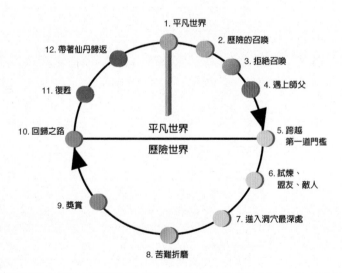

每一次的創業，都是一次次的冒險。
本表原為英雄之旅的歷程，但是卻可以作為創業主人翁心境的參照。

冒險召喚

　　「冒險的召喚表明命運已經向英雄發出呼召，並把他心靈的重心，從社會範疇之內轉移到一個未知的領域。這種寶藏與危機並存的致命地帶，可能有不同的呈現，如：一個遙遠的國土，一座森林，一個地下、海底或天上的王國，一座祕密海島，高山之巔或深邃的夢境；但不管是在哪裡，它通常都有著奇怪變幻不定的生命、有著難以想像的折磨、有著超人的勳業和無邊喜悅的地方。」[1]

　　只要被問起：「當初為何創業？」所有的創業故事都會有一個「從前從前有一天……」，象徵一種過去平凡、寧靜的狀態，是平靜無奇的世界。主角原本的生活是單調、乏味、可預期的生活模式，直到歷險召喚的出現，挑戰開始一一現身。

　　在神話故事中歷險召喚往往是一個故事的開始，從英雄內在自我意識的覺醒開始，揭開了整個冒險的歷程。從現有體制的出走，或被遺棄，象徵一種反抗、一種宣示，或者不得不為的選擇。這裡所謂的「英雄」不是拯救社會、人類的偉大人物，而是

---

[1]　坎伯（Joseph Campbell），1997，《千面英雄》（*The Hero with A Thousand Faces*），頁58。

每一個下定決心，告訴自己必須擔負起責任的主人翁。

「召喚」可能來自外在契機或內心深處的衝動與渴望，萌發追求新的可能與未來的念頭。現有體制僵化的壓迫促使自己踏上創業之途，一種捍衛自己信念與價值的實踐。這正是英雄之旅的「歷險召喚」。然而，越困難的決定越需要堅強的決心與毅力，越是未知的世界就越具有誘惑力、但也令人恐懼。主角在決定出發冒險之際，會猶豫不決、對原有的生活世界依依不捨。事實上，人生中大部分的時候都是拒絕召喚，因為害怕與恐懼，任何的改變都是充滿了未知與風險。

一般人拒絕召喚的原因，往往是對未來的恐懼與不確定，而非對現狀的滿意與知足。即使現狀令人窒息，很多人還是選擇逃避，守著食之無味的工作與人生，不敢面對自己內在的聲音，只好尋找其他方式來打發時間。藉由這些重複性的活動來迴避感覺與熱情，癱瘓任何一條碰觸到內心召喚的感官神經。

除了個人責任與家庭壓力之外，社會環境或政治體制提供個人接受召喚的空間也有很大的差異。一個具有完善社會福利的國家，失業補助金充裕，就能降低人們對「沒有工作」的恐懼，投入創業的成本門檻比較低，相對的風險就會減少。相對而言，在一個以功利主義掛帥的社會，失去工作等於失去身分與地位，那自行創業的成本更高，風險也更大。在不同文化傳統的社會，所

提供個人發揮創意、自由創業與自在生活的空間也大不相同。最明顯的例子就是英國，英國具有悠久的發明歷史與傳統，不但鼓勵創新發明，整個社會氛圍也對個人發展的自由相當友善寬厚。妥善的社會福利體系與國家政府能夠提供個人安定的感覺，讓個人能自由自在的追隨自己內心的召喚。

鼓勵創業不一定要採用大規模國家級的發展計畫，這是一種集中資源的策略手段，一不小心很容易造成國家社會資源誤用，造成一窩蜂投入盲目創業的浪潮。真正出自內心召喚的創業者通常不會成為政府獎勵的對象，到最後政府所補助的，往往是那些為了爭取資源、順應趨勢與市場喜好跟隨潮流的人，可惜的是這些人很難創造出具有生命力的作品與成就。

教育體制也是重要關鍵。填鴨式的教育模式很難培養出具有創造力的人才，重視服從秩序的教育機構也很難包容另類的可能，這些都會影響個人對待召喚的態度。

不過，接受與拒絕召喚不會是當下一翻兩瞪眼的決定，而是持續的狀態。接受召喚之後也可能因為困難重重而中途放棄，同樣地，一時的拒絕並不代表往後的日子不再想起，或許在未來的某一天會下定決心接受自己內在的聲音。然而，接受召喚的方式、實踐的過程都不是僵化的模式，不一定要孤注一擲、拋家棄子，而是隨著自己生活的節奏與身邊資源所產生的有機結合。重

點是，不要輕易放棄接受召喚的可能，即使掀開潘朵拉的盒子之後是無盡的受苦與磨難，但最後還有「希望」，那正是人類社會能不停前進的動力所在。

拒絕與接受召喚是兩條迥然不同的道路，一條可能是平順好走的康莊大道，另一條可能是崎嶇難行的荒煙小徑，各自開啟的將是完全不同的人生，但唯有一條能通往自己內心深處的和諧之地。就如同蘋果電腦創辦人賈伯斯（Steve Jobs）在史丹佛大學的著名的演說中所提：

> 幾乎任何事情，所有他人的期待、所有驕傲、所有對丟臉或失敗的恐懼，在死亡面前都不值得一提。只有真正重要的東西，才能在這個考驗中存活下來。所以提醒自己你有一天會死去，是我知道避免患得患失最好的方法。人生來就一無所有，沒有理由不追隨心之所嚮。

遇上師傅

在召喚出現時，一個關鍵性的因素往往促使主角上路。但是，可能是遭受更多的迫害與威脅，讓他義無反顧；也可能是來自於其他人的鼓勵與幫助，協助他能克服心中的恐懼。正要上路的主角永遠不會孤單，這時通常會有一位師傅角色出場，中國傳

統習俗裡總喜歡說：「遇上貴人」，這個貴人可能是父母、老師、醫生、神仙或先知，他們會帶給主角面對未知世界挑戰的禮物，可能是寶貴的建議、指引或具有魔力的寶物。

　　一個創業家之所以想要創業、想要有所改變，某種程度上是覺得有某個任務、使命等待完成，一開始可能只是朦朧的點子、無法名狀的悸動，這時師傅的出現往往能讓模糊的想法更清晰、目標更明確。遇上師傅，雖無法指引你人生的目的地，但能提供你通往自己理想的智慧與能力。如果自己的內心沒有渴望、沒有覺醒、沒有聽從召喚，有可能也看不到師傅就在面前。所以師傅的出現取決於自己內心的準備程度，只要自己準備好，幫助你走上旅程的力量就會源源不絕湧來，而師傅只是這些力量的化身之一。

　　師傅應該是在你做出決定之後的指引，他所提供的是一個參照的樣本，是他自己走過或已經相當熟悉的人生經驗。因為你已經做出選擇、下定決心，才能判斷哪些指引與人生經驗是符合你所需要的，師傅就像一張地圖，不同師傅就像一張張不同人生地景的地圖，如果你不知道自己目的地為何，就算蒐集了全天下的地圖也只是徒增困擾。很多人都陷入把師傅視為人生目標的迷思，事實上，應該是決定了自己的目標之後，才能發現哪些師傅是應該追隨的理想楷模。就像許多武俠片經常出現的橋段，有些

人不清楚自己所要為何，到處打探名師，胡亂拜師學習，不但無法掌握師傅的精髓，還容易因為不同門派、不同路數之間的衝突導致走火入魔、自我毀滅的下場。最終，尋找師傅的問題關鍵還是在於自身，是否準備好接受引導。

還有另外一種極端的心態，是對自己的未來相當篤定，甚至到了固執的程度，他是無法接受任何引導與建言的人。他不需要任何師傅，他很清楚自己要去哪、要做什麼事情，任憑全天下都反對，他也義無反顧。然而，這種心態雖然堅持自己的想法與目標，卻無法包容吸收其他人的經驗與知識，容易陷入故步自封的窘境。

在人生道路上不論是對自己不夠了解或者對自己太過自信，都難以遇上真正的師傅。需要天時、地利、人和等諸多因緣際會才能碰到巧師，他所傳授的並非什麼高超過人的武功祕笈，卻能讓人一生受用無窮，可能只是單純一個觀念的轉折或者是想法的啟蒙，重點是他能點出你自己都無法意識到的內心渴望，那是一種來自內在深處穩定保護的力量，這種力量會化身為各式各樣的角色出現在人生的旅途上，如同坎伯所說：「超自然的救援者在神仙傳奇中，它可能是林中的小傢伙、某個巫師、牧羊人或鐵匠，他們現身提供英雄需要的護身符或忠告。較高層次的神話則以嚮導、老師、擺渡人、引領靈魂至死後世界的人等偉大人物來

發展這個角色。」[2]

　　廣義的師傅是所有角色的總稱，這些角色有可能是指路者，為你指出一條道路並提醒你路上會遭遇到的各種困難；有可能是傳授你技能者，讓你有武器去突破難關；也有可能是你的敵人，讓你有鬥志去奮鬥成長；或者是你身邊的愛人，賦予你堅持到底的勇氣與力量。狹義的師傅是指你選擇相信的對象，這也是一種內在自我尋找靈魂楷模的過程，你相信並且努力遵循師傅所傳授的價值體系，這是大家最熟悉的師傅形式，相信他、崇拜他、成為他的門派弟子。師傅以多變的神奇面貌頻頻出現，他們反映出英雄必須從某人或某件事情，學會人生課題的真理。無論是以某個人、某個傳統或道德準則的角色出現，在所有故事中，這個原型都會現身，以鼓勵、指引或智慧，讓英雄歷程繼續發展下去。

　　然而，你不會總是順從這些力量，有時你會想反抗、想逆向而行，人生旅程就在這些順從與反抗之間前進，不管路上有多少師傅的指引與陪伴，最終還是要回歸內在自我（ego）與靈魂（soul）的對話。

　　如同坎伯所言：「這個角色所代表的是命運中和善與保護的

2　同上，頁74。

力量。一種使我們在母親子宮內首度經驗到的樂園寧靜不致失去
的承諾：它支撐當下、立於未來和過去；儘管無限的力量似乎可
能受到人生門檻的過程與生命的覺醒危及，但是保護的力量總是
一直存在內心的至聖所，甚至蘊含於我們不熟悉的世界特徵中，
或者就隱藏在這些特徵的背後。」[3]

　　以「優人神鼓」的創辦人劉若瑀求師的過程為例，她提到自
己的生命當中從二十多歲到四十多歲，一直覺得自己是不對的
人，很討厭自己。她從學生時代開始就一直在尋找某種「固定的
東西」，直到大學畢業，也還是沒有找到。直到1984年她決定拋
下當時台灣金鐘獎「最佳兒童節目主持人」的頭銜與既有的成就
地位，遠渡重洋到美國去學戲劇。她在美國加州偏遠牧場與波蘭
劇場大師果托夫斯基（Jerzy Grotowski）的相遇，改變了她的一
生，也改變了台灣表演藝術的未來。她接受果托夫斯基的身體訓
練之後，驚覺所有的創作都必須找回自我，表演不只是一種藝
術，更是一種人生。她說：「必須實際體驗、經過捶打、透過反
省，人要懷疑自己、經過反省後，才可以變成另外一個人。」[4] 在
接受大師一年的訓練之後，回到台灣，她以探索台灣人的身體為

---

[3]　同上，頁74。
[4]　資料來源：http://okapi.books.com.tw/index.php/p3/p3_print/sn/844

　　訓練宗旨，創作融入傳統、祭儀、太極等領域，逐漸發展出以靜坐、苦行為表演質地的訓練方法。如今「優人神鼓」以打鼓來實踐道藝合一、東西交融的表演理念，持續創作，享譽國內外。

　　這些都是在人生道路上遇到良師所產生的重大影響，這些老師所傳授的不是什麼高超的技巧與祕訣，而是一種回到自身的反思與心靈成長的啟迪。

　　然而，師傅還有很多其他的樣貌，在創業過程中也有很多具體與抽象的師傅角色，具體的師傅角色是帶領你進入創業市場，傳授你相關領域的專業知識與技能的人、事、物，在創業市場中與這些師傅交往的最健康方式是亦師亦友的「互惠」關係，是創業伙伴而非工具。而抽象的師傅是指心中的理想典範，可能是一個人、一種哲學思想，或者一種觀念、一種境界。但不論是具體或抽象的師傅，所扮演的都是一種人生導師（Mentor）的角色，[5]是具備能力去裁剪適合你的配件、比你更有能力瞭解你自己、比

---

[5]　「師傅」一詞，源自史詩《奧德賽》中的同名角色門托（Mentor）。門托是奧德修斯忠貞的朋友，在奧德修斯打完特洛伊戰爭返家的漫長旅程中，受託撫養奧德修斯的兒子，他從旁協助年輕的英雄特勒馬科斯踏上英雄旅程。門托把這名字送給所有的指導者和教員，但其實是希臘智慧女神雅典娜暗中相助，把師傅原型的精神力注入故事裡頭。門托和我們常用的Mental（思考的）這個字，都是由希臘字menos（意指心靈）而來的，這個字的用法靈活，可以當成意圖、影響力、目的、思考、心靈或紀念，另一種意涵就是勇氣。

你冷靜。他經歷某些歷史的淬煉與事件，他看過許多你未曾看過的世界，也能洞悉你無法洞悉的一切；能傳授你人生道路的經驗與課程，回到你自身的想像與反思；不只是在商業經營上提供幫助，而是讓你能更深層的思考自己所作所為的根本意義。

無論是具體或抽象的師傅，最後你的實踐必然還是回到現實世界的物質生活中，創業家還是要在商場上一決勝負。然而，在商場中競逐的不只是一個個單獨的創業家，每個創業者背後的師傅也在一爭高下，那可能是一位明師、一套經營理論、一門哲學思想、一派宗教信仰，或者是一種世界觀，一旦有創業家脫穎而出，他背後的師傅也會逐漸被推崇、被歌頌、被追尋。

「無論師傅角色在夢境、童話或劇本中與英雄相逢，他們都代表英雄最崇高的志向。如果英雄堅守英雄之路就可能成為師傅。師傅大多是經歷過人生試煉的英雄，如今他們要把學識和智慧傳遞下去。」[6]

學習是一種傳承，一方面要持續尋找足以借鏡的模範，另一方面也要不斷將自己的人生經驗與智慧傳授下去。真正良善的師

---

[6]　克里斯多夫・佛格勒（Christopher Vogler），2013，《作家之路：從英雄的旅程學習說一個好故事》（*The Writer's Journey: Mythic Structure for Writers*），頁69。

徒關係不是一種「佔有」、「控制」的支配關係，而是尊重對方，傾聽雙方的需要，讓彼此都有獨立思考的空間，充分關心卻不逾矩，就像小孩子學走路一樣，給他一塊安全無虞的空間，讓他可以自己在裡頭盡情的嘗試闖蕩。

西方的教育寫成「educate」，原文是「引發」的意思。父母親與教育者應該針對孩子的本性與特質給予引導發展，而非期待孩子完全照著自己的理想前進。師傅和雙親一樣，有時候都會捨不得放手交出職責。過度保護、佔有慾太強的師傅，往往會引起徒弟的反抗與背叛，最後導致玉石俱焚的悲劇下場。在創業這條路上也有許多這樣的情況，許多名義上的師傅並不是真正無私的給予，而是想要控制佔有，他和你的互動關係不是信任與誠意，而是操弄與利用。例如小米科技創始人雷軍，在接受訪問時提到，在所有稱謂之中，他最不喜歡的就是「創業導師」，尤其是身為一個專業的投資人更不應該熱衷於當人導師。他認為現在許多投資人在投資創新企業之後，常常「好為人師」，興致勃勃向創業企業推薦一大堆所謂的「合作夥伴」，讓創業者花了許多時間在這些無疾而終的聚會交際上。真正的教導是不求回報，無私付出，就算不被接受也不覺失落。因為每個人都是獨立自主的個體，每個人都有自己的人生選擇，師徒不是一種僵化固定的關係，而是在不同情境脈絡中不斷改變的互動關係。

　　「我們只要了解和信任，則恆古永存的保護者便會出現。因為英雄回應了他自己的召喚，並隨著後續的發展繼續勇敢走下去，所以他會發現所有的無意識力量皆為他所用。」[7]

　　信任與誠意，是與師傅建立關係的關鍵。誠意很重要，不能以功利主義的方式來看待師傅這個角色，認為師傅只是提供一個捷徑、一個答案，或只是一帖靈丹藥方，更不能把師傅視為一種工具。師徒之間是一種誠意信任關係的建立，不是利益交換、短期交易，信任是一種交付，即使蒙上眼睛也無懼，能放心跟隨著師傅的步伐前進。誠意是一種精神上無怨無悔的付出，用誠意建立關係，真誠感動天，才能真正受益無窮。

　　以賈伯斯為例，他於1974年初決定去印度，踏上自己的心靈之旅。對他而言，這不只是一趟單純的冒險旅行，他說：「對我而言，那是神聖的追尋。我已經了解開悟是怎麼一回事，我想知道我是誰，我如何在這天地間立足。」他對著同事高喊：「我要去尋找我的上師。」雖然他費盡千辛萬苦抵達印度之後，上師已經不在，但這趟旅程對他產生重大的影響，他最後領悟一句禪語：「如果你有求師的誠心，願意到天涯海角尋找明師，那位明

7　Joseph Campbell, 1997: 74.

師終會出現在你身邊。」[8]

　　遇上師傅，是一種開悟的過程，你將重新定義自己的可能，是一種重生的感覺；是一種神兆，往往在你最困難的時候給予一線生機，讓你擁有重新接觸世界的機會與能力，脫離稚氣、邁向成熟，讓你擁有踏上自己英雄之旅的智慧與力量。

　　當下定決心聽從內心的召喚，集合了來自各方的助力，可能是他人無心的一句話、可能是及時的贈金或給予、是時機恰到好處的引介，或者是得到機會去承擔自己從未負過的責任。英雄即將要踏入新的世界，跨越第一道門檻進入創業戰場，一旦踏入就沒有退路，只能勇往直前。

在啟程之後

　　跨越門檻之後是一連串的試煉挑戰，這是所有創業傳奇故事中最令人喜愛、最被津津樂道的歷程。創業之途絕不會一帆風順，必然充滿了各式各樣、意想不到的機遇與痛苦試煉。在英雄通往終極體驗與事蹟前的種種試煉，所象徵的是那些領悟的契機，他的意識因此得以擴展。然而，在創業冒險的過程中，盟友

8　華特・艾薩克森（Walter Isaacson），2011，《賈伯斯傳》（*Steve Jobs*），頁90。

是不可或缺的同伴，如賈伯斯和沃茲尼克（Stephen Wozniak）的相輔相成，蘋果一號的藍圖是在沃茲尼克腦中浮現，這個創新個人電腦的想法讓賈伯斯嘆為觀止，他協助沃茲尼克將夢想落實，並且發揮行銷創業的專長，讓沃茲尼克傑出的設計作品都能夠賣出獲利。賈伯斯總是可以說服沃茲尼克，他用「冒險」來形容他們創業初期的過程，「就算賠錢，我們還是擁有一家公司。我們這輩子畢竟曾經擁有一家公司。」對沃茲尼克而言，這個夢想遠比致富更吸引人。[9]

　　創業冒險的歷程充滿了同甘共苦的患難之情，也免不了痛徹心扉的背叛，再好的夥伴，也許終將發覺自己擺脫不了遭人拋棄的命運。當然也有惺惺相惜的瑜亮情結，如賈伯斯和比爾‧蓋茲（Bill Gates）因麥金塔而結盟，原本比爾‧蓋茲是協助蘋果電腦發展圖形使用者介面軟體，不久微軟就為IBM個人電腦推出一套「Windows」作業軟體系統，一樣使用圖形介面，讓賈伯斯勃然大怒。而蘋果與微軟電腦的共生關係，兩者都不敢鬆懈，面對面繞圈子，避免兩敗俱傷。[10]

　　這不是特例，而是每一個創業故事都會出現的橋段，翻開所

---

[9]　同上，頁107。
[10]　同上，頁259。

有偉大創業家的傳記，都可以看到驚濤駭浪的曲折起伏，有時創業家能乘著個人的天賦與契合的機遇而高漲，有時創業家則被自己創造的巨浪猛烈衝擊淹沒，如發明拍立得相機的蘭德（Edwin Land）被自己一手創辦的寶麗來公司掃地出門；史考利（John Sculley）也曾把賈伯斯從蘋果電腦公司請走。所有的故事都不會是一帆風順，越是波折起伏的劇情就越能夠吸引眾人目光，越是苦難折磨的經歷，就越能扣人心弦。在所有故事中令人痛苦難耐的「黑暗時刻」都是關鍵的時刻，因為在苦難之後才能蛻變重生。唯有通過磨練才能讓自己的生命逐漸獲得澄清與淨化，創業過程中的各種考驗是學習未知世界的規則與生存模式的必要代價，唯有穿越障礙才能進入最深處的寶藏之地，獲得最珍貴的經驗啟悟。英雄總在經歷一切苦難折磨之後才能光榮誕生，「令人難忘的不是追尋過程的痛苦，而是獲得啟悟時的狂喜。」[11]

　　人必須經過努力淨化與謙卑的學習過程才能了解萬事萬物的道理，並從中受益，必須和前人一樣走過試煉的道路，才能進入幸福的樂園。如坎伯所言：「人生追求的是生命的經驗。」[12] 在

---

[11] 菲爾・柯西諾（Phil Cousineau）編，2001，《英雄的旅程》（*The Hero's Journey: Joseph Campbell on his life and work*），頁94。

[12] 同上，頁38。

創業的歷練中，創業家會逐漸學習如何面對失敗與困苦，如何承受嘲笑與鄙夷，如何慢慢穿越、一一克服，最終達到人生的另外一個境地。

　　然而，創業成功並不是故事的終點，創業家最重要的意義不是取得個人的功成名就，而是將創業英雄之旅的收穫帶回社會，注入創新再生的能量。如坎伯所言：「單一神話的整個週期或標準模式，需要英雄帶著他所獲得的智慧神祕符號，或金羊毛，或睡著的公主重回人類的國土，用他所得到的恩賜使社區、民族、行星或大千世界獲得新生。」[13] 創業英雄為社會帶來的貢獻不只是經濟上的收益，更重要的價值是創新改變的契機，是這些英雄的努力，讓整個人類社會可以有更多元的生存樣貌與生命意義；是這些英雄的付出，讓我們的文明發展得以有源源不絕、生生不息的創意與活力。

　　雖然英雄之旅是跨越時空的單一神話，但不同的時代脈絡會賦予神話相異的內容形式，而創業英雄是我們這個時代的神話故事，是我們了解自己與認識世界的方式。然而，不同的社會環境、不同的個人生命經驗與成長過程，會醞釀出各式各樣繽紛多

---

[13] 同上，頁200。

創業並不一定必須是追求嶄新與原創，保持古典反而不容易。
圖為義大利佛羅倫斯市的中央市場，建於1847年，至今還是歐洲最乾淨與最專業的
市集之一。 目前進駐攤商皆由家族成員接班管理、經營。

元的創業英雄之旅。

　　「追隨偉大精神領袖的腳步，並不意味著我們應該模仿和實
踐他個人生活所形成的個體化歷程，而是意味著我們應該竭力帶
著他在生命中投入的誠摯和奉獻精神，來活出我們自己的生
活。」[14] 英雄是隱藏在我們每個人內心中，等待被了解、實現、
和具創造性的象徵；我們每一個人的心中都有創業的種子，正等
待被了解與實現，只要找到你內心深處那顆種子，讓它萌芽茁
壯，就是走在自己英雄之旅的道路上。

---

[14]　卡爾・榮格（Carl G. Jung），1999，《人及其象徵：榮格思想精華的總結》
　　　（Man and His Symbols），頁258。

第 三 章
創業的理由

為什麼要創業？大部分的人都想在生命中尋求一種自由，都想要相信某個比我們自己更偉大的東西，也想為自己建立一個更好的環境，新一代的創業家精神，正是那股把你帶到你從未到過之處的潛力。

——艾麗·盧繽（Ellie Rubin）[1]

人為什麼要創業？創業的理由各不相同。有人追求自由、獨立，有人嚮往突破創新，有些人是被動踏上創業之旅，也有人創業只是許多意外與偶然。然而，這些五花八門的創業理由只是個人意識的表象，並不全然掌握人性深層的創業動機。唯有先掌握人內心結構的特質，才能更了解創業的真正理由。了解了真正理由，才能知道如何驅動自己。

心理學家對於人類行為動機進行許多研究，也累積了無數相關理論，用以解釋人類行為動機的本質及其產生的各種機制。

探索人性的努力

心理學（Psychology）從十九世紀末開始與生理學（Bio-

1　艾麗·盧繽（Ellie Rubin），2002，《夢想的寫實主義》（*Bulldog, Spirit of the New Entrepreneur*），頁21。

logy）分開，發展成為一門獨立學科。早期的心理學研究主要偏重實驗科學，如結構主義（Structuralism）將實驗引入心理學研究而把心理分解成基本的元素，以及相對於結構主義而生的功能主義（Functionalism）心理學研究，轉向有實用價值、對人類有益的心理學發展。到了十九世紀末佛洛伊德（Sigmund Freud）開始研究精神分析學，對於人類心理結構才有突破性的理解與掌握。二十世紀初行為主義成為心理學的主流學派，心理學開始鑽研在特定環境刺激下如何控制特定類型的行為。而人本主義心理學是在行為主義與精神分析影響下所產生的學派，其中最具代表性的人物就是心理學家馬斯洛。人本主義心理學關注人類獨特問題的基礎，例如個人的自由意志、成長、自我實現、認同、死亡、孤獨、自由與意義，相較過去理論的主要特點，在於它關注主觀、拒絕宿命、著重成長的積極性。

　　馬斯洛最重要的貢獻應該是他的「需求層次理論」（Maslow's hierarchy of needs），指出人的需求可分為幾個層次，從生理性需求，滿足生存的基本需求；安全需求，免於疾病與災難的需求；社交需求，需要人與人之間的互動與關懷、情感交流；到尊重需求，需要成就感與別人的肯定；最後是自我實現的需求，追求生命的價值與生活的意義。馬斯洛需求層次理論不但是解釋人格發展的重要理論，也是解釋動機的重要理論，他提出動

機是個體成長的內在動力，是由多種不同層次與性質的需求所組
成。

　　除了馬斯洛之外，對二十世紀動機心理學的發展也有深遠影
響的，還有艾瑞克・艾瑞克森（Eric Erickson），他指出人生歷
程的各項發展課題對個人主要人格養成的影響；以及哈佛大學研
究教育心理學者羅伯・齊根（Robert Kegan），開創一套兼顧意
義創造與社會發展的人格發展理論；與超個人心理學理論大師肯
恩・威爾伯（Ken Wilber），指出一個人從自我導向進展到較靈
性導向的意識發展階段。[2]

　　而人本主義心理學也開啟「正向心理學」（Positive Psy-
chology）發展的契機。正向心理學強調積極面對的正向思考概
念，顛覆心理治療長期以來以研究負向病徵的傳統，更點出「正
向思考」對個人的幸福與快樂感所扮演的關鍵角色。這部分在下
一章「創業的力量」中會有更詳盡的說明。

　　然而，心理學的研究雖然已經逐漸從講求客觀科學的實驗理
論轉向主觀、以人為主的認知心理學、人本主義、正向心理學與

---

[2]　瑪格麗特・馬克與卡蘿・皮爾森（Margaret Mark & Carol Pearson），2002，
　　《很久很久以前……：以神話原型打造深植人心的品牌》（*The Hero and the
　　Outlaw: Building Extraordinary Brands through the Power of Archetypes*），頁
　　29。

動機心理學發展，但是被歸類為「非科學」的精神分析學派始終是處於主流之外，即便精神分析學派對人類意識與潛意識結構的主張，對人格與精神疾病發展的原因，做出許多重大的貢獻。其中榮格算是精神分析學派中影響後代最廣泛、最深遠的代表之一。榮格提出集體潛意識概念，超越傳統心理學個體主義的分析，為人類的社會性與普遍性提供了心理學的基礎；除此之外，他還提出原型理論，說明「原型」是全人類所擁有超越時間、空間與文化等表面差異的共同心理遺產。原型是集體潛意識的內

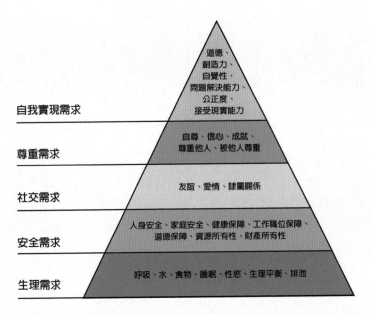

傳統馬斯洛的需求理論

容，有別於個人潛意識，集體潛意識是早已存在、具有普遍性的原始先民集體記憶，是人類活動的泉源，是心理結構中最深刻、隱密的部分，聚集人類有史以來所有的經驗與情感能量。原型概念是集體潛意識中不可或缺的關鍵，原型表示時時刻刻、無所不在的種種確定形式在精神中的存在。

雖然馬斯洛的需求層次研究揭示了人類動機的多元性與順序性，以及人們的成長動力與發展需求。不過，需求層次也預設了優先順序和僵化的價值選擇模式，忽略了人格不同的稟性與社會條件會產生不同的價值管理系統，會追求不同的生命價值與意義。而榮格的人格原型可以理解人格的普遍性與不同人心理的深層慾望。動機理論則是探究影響個人行為的根本動力。要真正了解創業的理由，不是探索表面的創業行為，而是從人性內心的深層結構了解不同原型的創業動機。接下來，本章將以「意義管理系統」或「價值管理系統」來討論各種不同原型所主導的創業家，他們踏上創業之途的動機、所採取的策略與發展模式。

價值管理系統──結合動機理論與原型理論

「即使讀再多理論方面的書，學會企業家、有錢人的處事方式，還是找不到適合自己的作法。……問題就在於你完全不明白自己出於什麼樣的『動機』，……只要搞清楚自己的『動機』，

馬上就知道下一步該怎麼做，不必浪費時間模仿別人，找到自己
要走的方向，堅定地走下去就對了。」

—尼采，《偶像的黃昏》[3]

　　本章將以卡蘿・皮爾森與瑪格麗特・馬克（Margaret Mark）
所提出結合動機理論和原型理論的系統為架構，建構一套價值管
理系統。這套管理系統是根據人性中四大基本動機分類，各別
是：歸屬（人際關係）vs 獨立（自我實現）、穩定（控制）vs
征服（冒險），從這四大動機中進一步區分出十二種重要的原型
角色，這十二種角色原型分別是：獨立／自我實現（天真者、探
險家、智者）、歸屬／人際關係（凡夫俗子、情人、弄臣）、穩
定／控制（照顧者、創造者、統治者）、征服／冒險（英雄、亡
命之徒、魔法師）。

　　馬克與皮爾森提出的動機理論（如下表）簡單地可以濃縮成
兩主軸，四大人性動機：歸屬（人際）、獨立（自我實現）、穩
定（控制）與征服（冒險）。不同於馬斯洛將需求分成先後層次
順序，在動機理論當中，不同動機是互相對立牽引的價值取向。

---

[3]　白取春彥編譯，2012，《超譯尼采》，頁8。

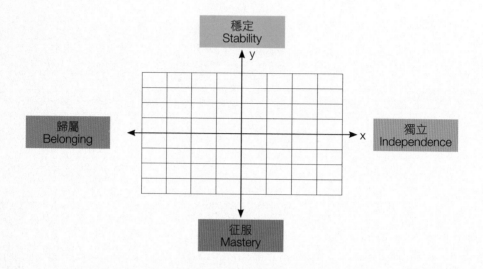

馬克與皮爾森提出的動機理論

　　在榮格的人格理論中，對立的原型所象徵的是人性中正反兩面，不同的傾向會決定個人的先天氣質。榮格相信成對的類型是出於某種潛意識、本能的原因，很可能具有生物學的基礎：「大自然有兩種根本不同的適應方式，以確保生物有機體的持續存在。一種是有很高的繁殖率，但防衛力較低，單一個體的生命期也較短；另一種是用許多保存自己的方式裝備個體，但繁殖率較低……（同樣地）外傾型的獨特本質會驅使他以各種方式消耗、傳播自己，而內傾型的傾向則是捍衛自己，對抗所有來自外在的

要求，把能量撤離客體以保存自己的能量，穩固自己的狀況。」[4]

　　原型是人類共同的心理情感內容，普遍存在於人格之中，但不同的年紀、生命經驗、社會環境都會影響個人心理功能的發展，促使某一種角色原型特別顯著，或者特別壓抑某種角色原型的出現。榮格提醒我們：「判斷類型的關鍵因素不只是根據目前最明顯的是什麼傾向，所以並不在於一個人做什麼，而是做這件事情的動機，也就是此人的能量自然而慣常的流動方向。」[5] 因此，本書不將創業精神視為天賦、才幹、靈感等帶有神祕色彩的特質，而是普遍存在於每一個人格特質之中的原型結構，由不同原型主導的人格特質會因為不同理由投入創業之途，各自追求不同的創業價值。

　　這套原型分類只是幫助我們以簡單的方式了解人格的多種面向，但不論這些分類的基本原則多麼簡單明瞭，在實際的現實世界當中，卻是複雜且難以分辨的，「因為每一個人都是規則的例外」。[6]

　　創業精神絕對不是單一的人格特質，也不是特定遺傳基因，

---

[4]　達瑞爾・夏普（Daryl Sharp），2012，《榮格人格類型》（*Personality Types: Jung's Model of Typology*），頁38。

[5]　同上，頁44。

[6]　同上，頁47。

而是個人如何實踐適合自己發展原型特質的努力。正如愛因斯坦所說：「一個人所能獲得的成功大小，主要取決於他在什麼程度上和什麼意義上把自己的最大潛能發揮出來。」[7] 創業絕不只有特定模式、單一途徑，而是根據不同原型與追尋價值的差異，所衍生出各種創業方式與發展模式，因此，了解自己的原型特質是發展自我創業之旅的關鍵之鑰。

獨立

以獨立為主要動機傾向者，希望追求自我實現，不太在乎他人的眼光，重視自我獨立，與其成群結隊的團體作戰，他們更喜歡獨力完成。這種類型的主要原型為天真者、探險家、智者，他們各自用不同的方式追求自己所嚮往的天堂。

天真者

「在美國，一間小公司能維持五年的機率是35%，但創業家評估自己成功的機率經常比現實狀況高出一倍，這些樂觀的創業者是資本主義的引擎。」[8]

7　炎林，2003，《李嘉誠成功基因》，頁2。
8　謝錦芳，2013，〈創業者常過度樂觀 看不見風險〉，《中國時報》2013/3/31。

天真者對生命充滿好奇、樂觀自信、不喜歡猜忌多疑，喜歡清靜、平凡，其生活的目的不是為了生存，而是為了自在做自己，天真者較不善於處理挫折與失敗，可能會因為過度樂觀而誤判情勢。然而，由天真者原型主導的創業家，往往是樂觀開朗、隨時充滿活力、坦率而為，不喜歡任何的挫折與失敗、不喜歡悲觀負面的看法，不喜歡與人鉤心鬥角、也不在乎別人的冷嘲熱諷，只要能坦然面對自己的夢想前進，其他都不重要。

　　不過，過度樂觀也可能導致忽略現實的無知。因此諾貝爾經濟獎得主康納曼（Daniel Kahneman）會說：「創業是一項賭注，許多創業家過度自信樂觀，他們參與這項賭注，因為他們看不見潛藏的風險。」[9] 事實上，一般中小企業成立之後，在五年內倒閉的機率約三分之二高，不過，如果訪問創業者，他們總是認為自己成功的機率很高，他們願意冒險，那些越有自信、最樂觀的創業家，對自己的公司前景越有信心，所以他們願意冒更高的風險。在《快思慢想》（*Thinking, Fast and Slow*）一書中，杜克大學教授請各大公司的財務長預測下一年度標準普爾指數，他們蒐集了一萬一千多筆預測，研究結果發現，這些大公司財務長的預測與真正價值之間的相關是零。當他們說指數會下降時，

9　同上。

結果是向上，這些財務長並不知道他們的預測毫無價值。因此，康納曼說：「樂觀偏見可能是福氣，也可能是冒險，如果你是樂觀的人，你應該既快樂又擔心。」[10]

　　天真者的樂觀自信當然有助於創業的起步，但過度樂觀的後果是無法認清真實情況、評估風險，更嚴重的情況是無法從失敗中獲取教訓、學習經驗，過度天真者往往無法處理挫敗，當他們面對創業失敗時會感到痛苦，他們會把責任推到別人或外在事件，而不會責怪自己，如此他們才能維持自己的自尊，因此無法從失敗中學習，常常成為連續失敗的創業家。

探險家

　　「創業家就和藝術家或知識份子一樣，都是在尋找自由——表達上的自由及精神上的自由。」[11]

> 探險家的內心是充滿了不滿足與不安定感，他們不斷追求更美好的生活，永不止息。這種渴求生命更美好、更快樂的衝動，是一股向上和向外的動力。探險家原型主導的創業者往往是為了擺脫壓迫與束縛而踏上創業之途，他們無法接受不公平的待遇、不正義的體制，因此，他們會選擇離開現狀，追求自己理想中的樂園。

---

[10]　同上。

[11]　Ellie Rubin, 2002: 33.

追尋者特別容易發生在青少年晚期或成年初期階段，這正是探索階段，他們願意探求新生活、嘗試新觀念、學習新經驗，能到世界各地旅行、探索新奇的領域，這些對探險者原型的創業家來說，極具有吸引力。他們會毅然決然的離開自己熟悉的環境，驅使離開的動力往往不是已經有特定的追尋目標與理想，而是想要逃離現狀，不是「想要」而是「不想要」使然。「與其把流浪說的那麼浪漫，不如說，流浪讓我們遠離了所有我們最習慣的東西，流浪把我們送上和自己獨處的道路上，流浪很辛苦，但流浪讓我們認識自己。」[12] 因此，探險者會不斷的嘗試、冒險，直到追求到自己內心渴望的世界才能安定下來。

許多青年創業家都是如此，他們創業的動機不是為了完成心中已有的理想與目標，而是不願落入僵化的公司體制與令人窒息的職場環境；他們追求的不是世俗既定的價值觀，也不想遵循社會公認的成功模式，而是想找出自己生活的意義與存在的價值。所以現在有越來越多年輕人出社會的第一份工作是選擇遠渡重洋到澳洲打工，一位曾經到澳洲打工的年輕人回應社會的批評：「難道活著就不能是一次又一次的經驗或逃逸，沒有優劣勝負、

---

[12] 連美恩，2010，《我睡了81個人的沙發》。

沒有是非好壞、不需被評價的遊牧之旅嗎？」[13] 在澳洲打工的經驗雖然沒有帶給她具體的名利報酬，但卻能填滿她對自己內在心靈的追求，她說：「澳洲打工渡假的日子並沒有替我帶來所謂的『競爭優勢』，我也從不認為這對我的職涯有所幫助或加分；然而，它的的確確讓我的生命捲入更多色彩。……它讓我暫時逃離社會框架之外，學習到尊重每份農作歷程給予的價值，珍惜每份工作的苦難與快樂；它讓我活在世界上與其他人有一點點的不一樣──不一樣的視界、不一樣的體驗、不一樣的意義。也就因為那麼一點點不一樣，讓總是悲觀的我學著『肯定自己』。」

這些追求自我的探險家雖然不符合社會一般人對創業家的期待，但就我們前文所提到，其實創業是一種完成自己的旅程，而這種逃離與追尋就是探險家原型創業者追求自我實現的方式與途徑。不過，很多人會因為缺乏毅力半途而廢，成為漫無目的的流浪者，他們特立獨行無法接受權威指導、無法給予承諾與歸屬於任何團體和個人，他們常常感到生命空虛，總是渴望遠方與期待仙境，因此容易漠視現實、高傲輕慢，也容易做出超乎自己能力的不當之舉。

---

[13] 許瑋庭，2014。資料出處：http://www.mbatics.com/2014/03/blog-post_13.html（搜尋日期2014/3/16）

　　另外，年紀與生命經歷也是影響探險者原型運作的關鍵因素。對於許多中年人而言，這種追尋自我的探索過程都會遇上家庭、工作間的責任衝突。想要雲遊四海卻無法放下家庭的牽絆；想要離開工作、想要出國進修，卻無法解決經濟壓力的現實考量。因此，他們必須透過不同的方向來追尋內心的渴望，可能是積極投入工作，創造更多的工作表現、爭取更大的挑戰；也可能是投入宗教的靈性追求，獲得精神的超越；也可能是透過征服高山來取得探索的渴望。但值得注意的是，由追尋者原型主導的創業者必須能控制自己追求完美主義的渴望，否則容易陷入驕傲自大、野心勃勃、耽溺於危害身心靈健康的事物之上。

智者

　　「追求真理的人，真理會讓他得到自由。」[14]

> 智者的動機是追求真理，得到智慧以了解世界，他們相信可以透過學習與成長尋找天堂。學者是最典型的真理追求者，他們希望探索知識、分析問題、了解萬事萬物運作之道。但對於智者而言，追求真理是個人的自我實踐，不過他們努力不懈追求知識的結果，往往會為世界帶來極大的福祉與進步。

---

[14] 卡蘿·皮爾森（Carol S. Pearson），2009，《影響你生命的12原型：認識自己與重建生活的新法則》（*Awakening the Heroes Within*），頁287。

　　享譽國際台灣西瓜大王陳文郁，他從小就對農業具有濃厚的興趣與熱誠，年僅十七歲起，就進入鳳山熱帶園藝試驗所，從事品種研究改良的工作，農地就是他的實驗室，從此之後，他整個人生就投注在農業研究之中。他在當時交通不發達的年代，自己騎著機車訪遍全台灣各處的農地，長期觀察研究土壤、水份、氣候與種子發展，並逐一做筆記記錄下來。憑著一股對農業的熱情，他在民國51年就指導雲林西螺的農民，在西螺大橋下的河床地，培育出台灣第一顆無子西瓜。他在民國57年間，毅然決然離開工作二十年的鳳山熱帶園藝試驗所，和六個朋友湊滿六十萬元，就在同年12月7日創立農友種苗公司。

　　至今，農友種苗公司仍持續創造園藝新品種，研究種苗新技術，生產優良種苗，開發種苗資材，所研發的優良蔬果新品種，多達660個以上，使台灣蔬果品種由固定品種的時代，邁進一代雜交品種時代。他對農業的熱忱讓他終身專注於育種技術的開發，也讓台灣農業有了許多突破性發展，包括無子西瓜在內，總共培育出二百多種西瓜新品種。在台灣每十個西瓜當中，有九個就是由他所創造出來的，並且還將成果外銷全世界。另外，他還研發出聖女小番茄、蜜世界和新世紀哈密瓜，還有紅皮南瓜、綠色苦瓜、白色茄子、迷你冬瓜等知名農產，總共超過1,000個新品種。每一種新品種的研發培育，至少都要花上六年的時間，陳

文郁毫無保留投入於追求品種培育的技術發展，「在我的觀念裡，每一顆西瓜就是一件藝術品、一幅畫作，都要很用心地培育，……一顆西瓜要符合最先預定生產的品種，必須要通過十多項條件檢定，包括甜度、口感、重量、水份等測試，只要有某項目標未達到，就得重新和其他品種再試，直到完全符合標準。」他的一生都獻身於農業新品種的開發研究工作中，他致力用自己追求知識的熱情來改變台灣農業的困境，也因為卓越的育種技術讓台灣農業得以站上世界舞台。陳文郁也成為Discovery頻道與行政院新聞局合作的「台灣人物誌」系列節目中的代表人物之一。[15]

　　另外，《富比士》雜誌公布2010年世界首富，墨西哥創業家卡洛斯‧史林‧埃盧（Carlos Slim Helu），他也是一位求知若渴的閱讀者，最愛的一句諺語是：「用你的意志對抗你的弱點。」[16] 他特別強調控制情緒、維持理性、保持積極態度接受自己的缺點與錯誤。他擁有學者的心智，專注於以科學、數學方式自律的終身學習；長於事實與數據分析，時時刻刻都關注比較數

---

[15] 網頁資料：http://subtpg.tpg.gov.tw/web-life/taiwan/9508/9508-12.htm（搜尋日期 2013/3/17）

[16] 蓋瑞‧貝尼森（Gary Burnison），2012，《大無畏：向全球頂尖領袖學習12項因應變局的能力》（*No Fear of Failure*），頁140。

字、解出方程式、計算比例,行量股票價值、資產價值與投資報酬率,他是訓練有素的工程師,也是數學教授。[17] 因此,他領導的基本原則是整體的監測和衡量,他能像百科全書一樣掌握所有細節,擁有敏銳的觀察力,會不斷分析國際市場的產業數據,透過各種統計數據來發展、管理事業版圖。在數字分析、評估之外,他不曾停止提升自我的能力,用科學家的紀律與精神,將理論逐一落實。

不過,智者原型主導的創業家往往過於專注在追求特定的知識與技術,過度講求理性、是非對錯嚴謹、強調科學邏輯,而導致缺乏彈性、脫離現實、無法抉擇的缺憾,畢竟現實世界往往是由許多非理性因素所決定,甚至連追求真理這個動機本身就不是理性計算的結果。

因此,如何讓追求自我實現的理想與現實生活能夠完美結合,是天真者、探險者與智者三種原型的共同課題,他們創業的動機都是為了尋求獨立、自我實現,他們共同面對的問題就是如何能貼近現實世界、適當的評估實際條件與妥善處理人際關係和社會網絡。獨立不一定要孤立,現實不一定和理想對立衝突,有

---

[17] 同上,頁129。

時候認清現實、善用優勢才能讓自己理想的實現更快更美好。

征服

「他們不但了解自己所掌握的特殊權力，更會為了改變現狀而以身涉險。他們都是在抵抗某種有限、受迫與不利的現實環境。英雄情願冒著生命的危險，也要打敗邪惡的力量來保護社會或是至高無上的價值。亡命之徒屬於分裂的力量，勇於突破文化常規。魔法師則是轉換或治療社會與體制的催化劑。對這三種人來說，採取行動與展現力量是他們最大的願望，而最大的恐懼是無法逃脫命運的擺佈，只能成為無力反抗的代宰羔羊。」[18]

英雄、亡命之徒、魔法師這三種原型所追求的動機是「征服」，是一種權力的展現與擴張，主要是為改變現狀，面對不利的現實環境，反抗是他們共同的選擇，他們讓人們有能力面對挑戰、冒險犯難、打破成規、與改變世界。這三個原型也是一般人對創業家最典型的刻板印象，創業家所代表的都是一股超越常人的力量，是一種開創與顛覆，代表反抗現有體狀、衝破限制、挑

---

[18]　Margaret Mark and Carol S. Pearson, 2002: 139.

「征服」，是一種權力的展現與擴張，主要是為改變現狀，面對不利的現實環境，反抗是其共同的選擇。

圖為日本當代藝術家村上隆2010年於法國凡爾賽宮所展覽的作品，引發相當大的爭議與話題。受訪時他說：「我想我可以與路易十四分享我的幻想世界，並將之推到極致，將巴洛克時期與戰後的日本風格來個面對面，帶來美學的衝擊。」

戰世界的重要力量，也是人類不斷進步革新的主要動力。

英雄

「英雄希望讓世界變得更美好，而他們最大的恐懼就是缺乏堅定不移與所向披靡的精神，所以這種原型有助於我們培養活力、紀律、專注力與決心。」[19]

---

[19]　Margaret Mark and Carol S. Pearson, 2002: 145.

英雄原型是所有創業家的典範，他們通常能依照自己的原則目標生活、奮鬥，不怕困難與冒險，只怕不公不義，有過人的勇氣、崇高的理想和冒險犯難的精神。正是這種英雄原型帶領人類進入現代性歷程，現代性的核心是「人的自覺和自主。包括對世界好奇，對自己的判斷自信，懷疑教條、反叛權威，對自己的信念和行為負責，為過去的古典啟發、卻同時獻身於偉大的未來，對自己的人性感到驕傲，體認身為創造者所具有的藝術力量，確信自身對自然的理解力和控制力。」[20]

也因為這種英雄原型讓台灣得以踏上民主化的道路，民主運動是台灣政治上最值得驕傲的成就，民主運動是人試圖成為自己的主宰，並依其理念重構社會的奮鬥。追求自主首先必須免於壓迫，不論壓迫是來自外來殖民者、本土獨裁者、或是自己內心。

值得注意的是，真正的英雄是為了保護他人和尊崇他人而戰，而不是為了勝利與權力。由英雄原型主導的創業家往往為了爭取自己的主張與理念而與他人競爭對抗，不過一旦本末倒置，英雄原型的特質會讓創業者陷入為了戰鬥而戰鬥，而非真的有立場上的衝突與無可避免的戰鬥，可能到最後所有的努力奮鬥都和崇高的理想與社會目標毫不相干，只是為了爭名奪利，甚至不擇手段來達成獲勝的目的。他們會被競爭的念頭淹沒了初衷，遺忘

---

[20]　陳翠蓮，2013，《百年追求：臺灣民主運動的故事 卷一 自治的夢想》，頁9。

了最初創業的目的與理想，就像民主社會中已經失去政治理念與抱負的惡質選舉，或者一窩蜂投入以大量生產、削價競爭為核心的紅海策略。[21]

以英雄原型主導的創業家相當重視競爭，並且將競爭力的高低維繫於強而有力的領導能力，因而常會變成個人英雄主義、不斷追求勝利的領導者，如美國第一家在紐約證券交易所掛牌上市的住房建商考夫曼和布洛德建設公司（後來的KB建設）及布洛德基金會（Broad Foundations）之創辦人布洛德，就是以難纏的競爭者出名。他認為所有「前進之道就在於，要有強硬的領導者願意出來做事。」而最好的領導者就是「贏家」，「除非不得已，否則沒有人會和失敗者在一起。」他想要的是一個「冠軍團隊：一群志同道合的人為求改變世界——或者至少將世界塑造得有點接近他的願景，而一起追求他最狂熱的計畫。」[22]

---

[21] 從1980年代以來，企業經營就以波特（Michael Porter）的競爭策略為主流思考——以競爭為中心的紅海策略。企業首先在產業中做選擇，一旦選定後，產業結構即告確定，並在此結構下，透過策略擬定——一般策略包括低成本、差異化或專注經營於某一特殊市場區隔，透過低成本或差異化，提高公司績效；在產業架構不能改變的前提下，這對所有競爭者是一種零和遊戲。欲達到較佳獲利，常必須根據個別客戶的獨特需求客製化，將市場進一步細分，這樣的策略模式，企業雖然維持獲利，市場並無法成長。

[22] Gary Burnison, 2012: 47-49.

在競爭壓力下，每個人眼中所見的都不是自己，而是別人。
生活的目的是為了打敗他人而忽略了自我實現。這些好鬥的英雄
會轉而成為不擇手段、殘酷無情、以暴力征服的惡棍。如惡名昭
彰、壓迫勞工的血汗工廠；罔顧生態環境健康、引發世界各國激
烈爭議的國際生化科技企業「孟山都」，這些都是在競爭壓力
下，為了追求更多利潤而採取不合乎人道的經營策略。[23]

亡命之徒

「你需要喚醒體內一些造反的因子，把自己想成是一個有彈
性而且可以靈活轉換的盒子，你需具備把所有教條都當作用來試
驗的心態……你若無法自由運用想法，並將你所想的向外擴展，

---

23 「孟山都」（Monsanto）最初的理想是透過種子創新等科技突破的方式，利用基
　因改造以解決全球糧食危機。甚至連比爾・蓋茲也認為孟山都的創新，是非洲農
　業革命所不可或缺的，他的慈善基金會也支持孟山都的研發計畫，包括聯合國世
　界糧食計畫署（World Food Programme）主任喬塞特・希蘭（Josette Sheeran）
　也是孟山都的粉絲。但是孟山都從一開始生產的橘劑（Agent Orange）就對人類
　健康安全造成極大的傷害。孟山都成立於1901年，在製藥和化學業都有悠久的歷
　史，孟山都最知名的產品為除草劑的領導品牌年年春（Roundup），但隨著中國
　其他嘉磷塞除草劑的競爭，年年春的利潤下滑，目前銳減到僅孟山都10%銷售
　量。目前孟山都117億（美元）的年銷售額大部分為日益增多的基因改造（gene-
　tically modified, GM）、基因轉殖、變種與遺傳特徵的種子。然而，不同傳統育
　種的方式，透過基因工程改變生物原有的基因序列，可能會汙染其他非基因改造
　的植物。孟山都不但壟斷了全球90%以上的基因改造種子，也因為有農業智慧財
　產權的保護而提高種子售價，進而讓貧困的小農花費更高的代價取得種子，更深
　化社會的不平。

那麼你就是哪也去不了……」

——上奇廣告集團（Saatchi & Saatchi）全球執行長

凱文・羅伯茲（Kevin Roberts）[24]

> 英雄與亡命之徒兩種原型的性格相當類似，如瑪格麗特・馬克與卡蘿・皮爾森（2002）所說「就某方面來說，英雄與亡命之徒的差別其實只是取決於歷史觀的不同。」兩者都是在推翻現狀、進行改變。不同之處在於英雄是在體制內，創立新秩序，並且能取得世俗認可的成功象徵；而亡命之徒總是處於體制之外，無法顛覆現有體制，只能游移在社會價值認同的邊緣地帶。

　　他們被視為秩序的破壞者，對社會穩定構成威脅，然而這種亡命之徒卻往往對我們具有禁果般的誘惑力，人們深層的需求不只是追求穩定，還有更多對破壞秩序的渴望與激情。「破壞力是一種持續增加的混亂失序傾向，它是宇宙間的一種自然律。人把規律秩序強加在一個沒有秩序的地方，破壞力量就是為反抗這個秩序而生的力量。」[25]

　　在創業競技場上，英雄原型主導的領導者會採取「紅海策

[24]　傑洛米・迦奇（Jeremy Gutsche），2010，《亂世煉金術》（*Exploiting Chaos: 150 Ways to Spark Innovation during Times of Change*），頁167。
[25]　Carol S. Pearson, 2009: 167.

略」，不顧一切追求競爭，只能靠大量生產同質化商品、降低售價來獲取利潤；而亡命之徒原型主導的創業家則會傾向採取另類的「藍海策略」[26]，開拓嶄新未曾被開發的產品市場，不喜歡同質化競爭，與其和別人競爭，不如遠離紅海戰場，走出自己的道路。藍海策略強調「價值創新」（value innovation），是價值的重塑和創新，有別於過去創新理論著重於生產技術創新或是突破性科技發展。對企業而言，價值創新是創造重要、無可取代的價值，增加市場需求、擺脫競爭，不再汲汲營營於現有的市場佔有率或者以戰勝對手而沾沾自喜。

　　然而，亡命之徒的創業家也有可能無法創造出具有創新價值的市場需求，既不能顛覆現有體制，也無法創新走出自己的發展之路，因此用不合理與無意義的方式表達不滿。可能會因此一蹶不振，自我放逐與逃避，也或許努力嘗試超越與創新，重新開創新的局面與可能。無論如何，亡命之徒原型是為穩定社會帶來開

---

[26] 「藍海策略」（Blue Ocean Strategy），是2005年由金偉燦（W. Chan Kim）與莫伯尼（Renee Mauborgne）兩位歐洲管理學院（INSEAD）傑出學者所提出的創新概念。他們針對過去一百二十多年來，三十多種不同行業別採取的一百五十多種策略行動（Strategic Move）進行分析，結果發現大多數企業以價格競爭為本位，這樣只會形成廝殺局面慘烈的紅色海洋，而紅色海洋是市場萎縮的頭號殺手。企業的永續成功，需要不斷以創新的精神加上有競爭性的成本概念來經營，才能成為藍海型的企業。

創性的能量與機會的泉源。「無須懷疑，在你的體內一定有個叛逆、愛創造的趨勢獵人。你要做的只是喚醒它去執行應盡的職責。」[27]

魔法師

「只有那些瘋狂到以為自己可以改變世界的人，才能改變這個世界。」[28]

> 魔法師原型的力量，是藉著改變意識層面來改變現實的力量。魔法的特別之處在於強調「意識」影響「現實」的重要，如史達霍克（Star-hawk）將「巫術」定義為「一種以意志力來改變意識的藝術。……巫術可以神奇奧祕地涵蓋所有遠古以來能加強人類心靈意識、提高直覺、和發展靈魂的方法技巧。」[29]

簡單來說，魔法師原型所強調的是一種「心想事成」——內心與外在相連的狀態，通常透過儀式來改變我們的意識狀態或現實情境。在傳統社會，祭典儀式用以維繫族群，並加強他們與精

---

[27] Jeremy Gutsche, 2010: 158.

[28] 原文：“The people who are crazy enough to think they can change the world are the ones who do.”1997年蘋果「不同凡想」廣告。

[29] Carol S. Pearson, 2009: 260.

神力量的聯繫。儀式也可以用在治療或改變上，將注意力集中在希望改變的事物上，有意識地放棄舊有的事物，以迎接期待中的新情勢。其實任何創意人都或多或少擁有魔法師般的信仰，所以他們會透過意識改變具體現實的過程來創造新的物品與生活。如穆罕默德・尤努斯（Muhammad Yunus）就堅信可以透過個人的力量來改變整個世界：「想上月球的夢想，帶著我們成功登陸月球。我們辦到的事，都是因為先下了決心才做得成。如果沒做成，那是因為沒有決心要去做好它。只要有心，一定能抵達目標。」[30]

還有一位堪稱最具代表性的魔法師創業家賈伯斯，他的工作夥伴何茲菲德（Andy Hertzfeld）曾用「現實扭曲力場」來形容他的影響，「賈伯斯的現實扭曲力場融合了領袖魅力的修辭風格、不屈不撓的意志，為了達成目的，急切的將現實扭曲成心中所想的樣子。」[31] 賈伯斯就是用這種魔力催眠蘋果的同仁，激勵他們不顧一切將各種不可能的任務一一完成，儘管當時麥金塔團

---

[30] 穆罕默德・尤努斯（Muhammad Yunus），2011，《富足世界不是夢：讓貧窮去逃亡吧！》（*Creaing a World Without Poverty*），頁310。

[31] 現實扭曲力場（Reality Distortion Field）出自《星艦迷航記》（*Star Trek*）影集，形容外星人光是用心靈的力量，就可創造出一個屬於他們的新世界。（華特・艾薩克森〔Walter Isaacson〕，2011，《賈伯斯傳》〔*Steve Jobs*〕，頁180）

隊的資源與優勢都不如競爭對手全錄或IBM，他還是激發出這些人不斷超越現狀的力量，他的伙伴這樣形容：「這是為了自我實現而扭曲現實。你之所以能完成不可能的事，正因為你不知道那是不可能的。」[32]

以魔法師原型為主導的創業家不但具有創造性的魔力，也具有破壞性的力量。魔法師和英雄與亡命之徒一樣，都不希望受任何規則所束縛、被任何權力所壓迫。這三種以征服為動機的原型都會想要改變現狀，建立自己的規則與理想。但魔法師會認為自己是創造的藝術家，他的目的不是為了打敗競爭對手，也不是尋找其他獲利的途徑，而是盡最大努力做出心目中最好、最完美的東西，就如同歌德（Goethe）所言：「能做什麼事，儘管去做。愛做什麼夢，儘管去夢。在大膽之中自有天才、力量與魔術。」魔術師能將原始的衝動與熱情、理想，轉變成為更進化的形式與奇蹟，在魔術師的世界裡沒有不可能的事情。

前面提到獨立與征服，這兩種動機都在強調個人追求的自由與價值，接下來要談的是歸屬與穩定兩種傾向更集體性的動機目的。畢竟，人是社會性動物，生命的價值在於創造自己與他人、

---

[32]　Walter Isaacson, 2011: 182.

創業本身並不一定要以商業角度出發，有的時候甚至是反其道而行。
圖為花蓮東海岸的「鹽寮淨土」，於1988年由區紀復創立，主要推動心中一再想要
實現的理想──透過簡樸生活，進而完成實現環保理念，他將該教室稱之為「鹽寮
淨土」，現已停止活動。但這裡曾經提供繁華社會裡的一個相當重要的反思，很多
環保意識在此深耕。

甚至是集體之間的連帶關係。沒有歸屬的連帶感與責任的重量，
會成為生命中無法承受之輕，讓人陷入虛無與迷茫。然而，追求
個人自由與重視社會關係並不是衝突的兩端，而是同為人性的基
本需求。以歸屬與穩定為動機的原型角色是希望能在一個具有認
同歸屬的社會裡，找到我們所需要的確定與穩定。

歸屬

　　「就像所有的新冒險一樣，創業也會讓你面臨意想不到的挑戰。你在過程中會再三琢磨什麼叫做『歸屬』——不管是屬於一份合夥關係、一家公司，還是一個團體。在這個來到這些意外之境的過程中，你會與風險共舞，你會要對別人說故事，還會在你所做的一切當中找到新的能量。說不定，你甚至會找到新的信仰。」[33]

　　一般人都認為創業是相當個人的決定與行為。實際上，在創業這條路上很少是完全個人的事情，從下定決心投入創業之時，尋找伙伴就是決定未來冒險勝負的關鍵，好的伙伴會和你一起上山下海、克服萬難，不好的伙伴會讓你痛不欲生、寸步難行。從創業初期工作團隊的建立到事業發展期品牌形象的塑造，無一不是個人和其他人群、團體、社會溝通的努力。創業，不只是個人自我的實踐，也是個人參與、改變社會的過程。相對於獨立和征服兩種以個人為主要目的之動機，歸屬和穩定是較傾向於團體實踐創業動機。從早期穴居人類或部落成員的聚會，到目前社會所

---

[33]　Ellie Rubin, 2002: 21.

流行的社交網站與各種網路應用軟體的普及，在在都顯示出人類對於接觸、互動與歸屬的強烈渴望。

　　以歸屬為動機的三種原型角色，分別是凡夫俗子、情人與弄臣。這三種原型都是強調與人互動、關懷他人、熱情開朗，以歸屬為動機的創業目的，不是為了個人利益，而是為了更大的集體福祉。接下來將分別說明這三種原型角色的創業動機與特色。

凡夫俗子

　　「赤貧者不是生來就該與飢饉和貧窮為伍，每一位在苦難中掙扎的人，跟世界其他地方的任何人一樣，擁有成就自己的無限潛能。把貧窮徹底從世上連根拔起是可能的，因為它並非自然現象，而是後天加諸在人類身上的錯誤。願我們在此下定決心，早日終結貧窮，只在博物館留下它的足跡。」[34]

> 凡夫俗子最希望的是逃離孤獨感或化外感，因為他們並不希望獨排眾議或標新立異，他們只想要融入人群。只要這種渴望能滿足，他們就會安然地沉浸在甘於平凡的平靜中。他們的基本理念是，天生我才必有用，每個人都有享受生命美好的權利，沒有人擁有超越他人的權力與侵犯他人的自由。

---

[34] Muhammad Yunus, 2011: 294.

這也是追求民主的基本原型，民主是人人平等，所有人都具有相同的權利與義務，因為平等而串連成彼此之間的連帶關係，也凝聚了集體的認同價值。因此，以凡夫俗子原型主導創業家的主要動機是建立一個更平等的社會。

「我認為只要有機會，每個人都有從事社會型企業的潛力。社會型企業的推動力，其實就存在於人性當中，而我們多少都會在日常生活的片段當中察覺到。我們關心世界、關心彼此。如果做得到，人類會本能地想要讓同胞的生活更好；如果有機會，人們會希望住在一個沒有貧窮、疾病、冷漠、苦難的世界。」[35]

早在十八世紀末，在英格蘭與蘇格蘭經營棉花廠的羅伯特・歐文（Robert Owen, 1771-1858）就曾創立合作社運動，將人道考量與知識引進商業經營，結合生產者與消費者之力，為所有成員創造共同的事業，共同經營並分享利潤。[36] 直到今日，這種以帶給消費者利益為經營目標的商店，在英國與歐洲各地仍非常普遍。

2006年諾貝爾和平獎得主，孟加拉經濟學家尤努斯，和歐文一樣無法忍受窮人所受到的各種不公平對待與經濟壓迫，進而創

---

[35] Muhammad Yunus, 2011: 45-46.
[36] Muhammad Yunus, 2011: 42.

辦了「鄉村銀行」（Graemeen Bank），他特別提供貸款服務給那些被一般銀行拒絕的窮人。[37] 尤努斯許下宏願，「有一天，我們的子孫將只會在博物館裡見識到貧窮。」他認為貧窮並不是天經地義，而是不當制度下的產物，沒有人應該出生就是貧窮無助，「我們用社會機制在窮人周圍設置了路障，現在應該將阻礙移除，窮人才有機會自己脫離苦海。我們要廢止那些視窮人如無物，荒謬的法令規章，我們要提出新的方式，讓每個人的獨特價值被肯定，而不是用一套充滿偏見的體制，來衡量虛浮的表面。」[38]

有鑑於此，他致力於改變這個社會問題，想讓貧窮的人擁有正常的生活與自由。他認為不論是政府或社會都應該將窮人視為行動主體，他們不但可以成為自雇的企業家，還能為他人創造工作機會。他相信企業家並不是少數人才擁有的特質，而是每個人

---

[37] 1976年，尤努斯創建了「鄉村銀行」以提供貸款給貧窮的孟加拉人。自成立以來，鄉村銀行已發放超過51億美元予530萬位客戶。鄉村銀行也開發了其他為貧窮人士服務的信貸系統。除了微型貸款外，銀行還提供住屋貸款，為漁場、灌溉項目、高風險投資、紡織業、其他活動提供經費，同時亦提供其他銀行業務，如儲蓄。鄉村銀行的成功模式激勵了其他發展中國家，甚至是已發展國家，如美國，進而發展出類似的成功經驗。這種微型貸款模式目前已經在二十三個國家中進行。其中，有許多微型貸款計畫特別偏重於貸款給女性，因為女性比男性遭受更嚴重的貧窮之苦，卻比男人奉獻更多的收入以供家庭所需。

[38] Muhammad Yunus, 2011: 61.

身上都具備的條件，每個人都有能力發覺身邊的商業。「窮人的天賦潛能和大家一樣，只是社會從未給他們可以自由發展的土壤。讓窮人們脫離貧窮，只需給他們一個成長的空間。」[39] 尤努斯批評傳統經濟學的重大盲點在於將發展策略的焦點都放在硬體建設上，只看硬體成果。他指出發展的首要工作是要啟動每個人內在的創造引擎。社會發展計畫不應該只是滿足窮人的物質需求，而是要更進一步提供他們發揮創意能量的土壤。因此。他發展出「微額貸款」的鄉村銀行，幫助社會上被排擠的人把自己的經濟引擎打開，讓他們能夠用自己的力量，改變生活、改變社會。

尤努斯將自己的企業定義為「社會型企業」，有別於資本主義下追求利潤極大化的企業，社會型企業的任務是為了達成特定的社會目標。[40] 這種以解決社會問題為目標的創業模式這幾年也在台灣蓬勃發展，這種兼顧公益與賺錢的公司被稱為「社會企業」。根據統計，目前台灣廣義型的社會企業超過五千家，其中近二百家獲利穩定並略具規模。「台灣的社會企業正式進入遍地開花的繁華年代。 許多台灣創業者積極反省資本主義全球化所帶

---

[39] Muhammad Yunus, 2011: 68.
[40] Muhammad Yunus, 2011: 25.

來的缺失，顛覆過去創業就要『做到大，賺最多』的巨型迷思，以改造社會為己任，不將獲利視為企業唯一道德。」[41] 從早期的「喜憨兒烘焙坊」、「陽光加油站」與「勝利身心障礙潛能發展中心」等兼具營利與公益的企業單位，到最近強調公平貿易的咖啡豆進口貿易商「生態綠」、「雨林咖啡」，以及台灣第一家獲得世界公平貿易組織（WFTO）認證的設計師品牌「繭裏子」，還有致力於改善原住民生計問題的「光原社會企業」[42] 等等，越來越多人投入社會企業，這些都顯示人們已經慢慢從獲利作為企業唯一目標的迷思中解放出來，開始追求一個更公平的社會、更多元的世界。

---

[41] 林奇伯，〈用愛創業，社會企業正熱門〉，《台灣光華雜誌》，2013/10/2。

[42] 「光原社會企業」是一間以社會企業為訴求、原住民為主體的公司，致力於改善原住民的生計問題，促進部落自立及永續發展。「光原社會企業」的前身，是印度籍神父鄭穆熙所帶領的輔仁大學原住民專案辦公室，經過十多年從事原住民的教育服務工作，實際深入部落之後了解，原住民地區的大部分問題都根源於經濟貧困──部落無法創造就業機會。因此，他於2005年成立「瑪納生活促進會」，輔導原住民在阿里山上利用廚餘有機耕作，進而打造「有機部落」，期望利用部落現有的天然資源，在地建立一套新興產業方案，提升原住民部落的生活品質。但高山地區耕地有限，生產規模小、運費成本高，原住民部落的有機農業仍屬於競爭市場上弱勢的一方，有鑑於此，在2008年更進一步成立「光原社會企業」，為原住民有機農產品拓展銷售通路，以公平貿易的概念，保障部落農民的生計，讓他們能更安心地在自己的土地上耕種、生活。資料來源：http://www.seinsights.asia/story/250/5/1237（搜尋日期2014/3/24）

情人

　　「沒有愛，生命就無法與靈魂結合。……沒有生之本能，我們雖活著，卻沒有真正的活，因為我們的靈魂沒有真正進入生活；是熱情執著和情慾渴望等生之本能，讓我們真正地活著。」[43]

情人的原型所強調的是愛與本能，愛是一種連結與依附，從人一出生哇哇（呱呱）落地的那一刻開始，生命就是不斷的和他人與整個世界建立起各種依附連帶關係。如果無法達成這種依附關係或連帶，人就會產生各種精神問題，包括封閉自戀、在日常生活中無法對自己、對所愛之人，對工作、對倫理價值給予承諾。

　　在求生本能的保護下而產生的依附與連帶關係，是非常的原始，是屬於感官的、肉體的。因而與愛人之間的親密關係，也延續了這種極端肉體的、脆弱的、信任的，以及渴求親近、了解與被了解、表達性慾的特質。

　　因此，情人的原型所傳達的是一種熱情、充滿活力、性感與親密的力量，情人原型逃避的是枯燥、乏味、一成不變、冷漠、疏離的關係與狀態。如果以情人原型為主要創業動機，那追求的是一種能夠讓更多人享受熱情、幸福的創業理想，可能是為了愛

---

[43]　Carol S. Pearson, 2009: 186.

情遠赴他鄉獨立創業生活。例如獲得2013年勞委會「微型創業鳳凰貸款」選出的創業楷模吳欣怡，她原本在廣告公司工作六年多，但深感疲累，因而請了一個月長假到蘭嶼去打工度假，結果遇上愛情。她毅然決然辭了工作，到蘭嶼創業，創立「漂流木餐廳」並在蘭嶼落地生根。[44] 也有為了愛動物而投入寵物行業[45]、獸醫工作、流浪動物之家等為動物服務的創業之路，激發他們創業的動力是對某人、某件事物的熱情。如兩性關係平台「真愛橋」的創辦人Stark說：「從自己的初衷出發，創立可以帶給別人與自己的幸福。」[46] 由於他從小父母離異，因此相當渴望獲得幸福的穩定關係，他不斷努力透過各種方式追求自己的幸福，但一路走來跌跌撞撞，卻獲得許多寶貴的兩性經驗與知識。然而他看到許多人也和他以前一樣想追求幸福關係卻不得其門而入，因此他建立真愛橋兩性平台給需要的人。搭成「可以通往真愛的一座橋，會盡力幫助有需要的人完成目標，我們就是要盡全力橋到

44　陳嘉恩，2013。資料來源：http://www.appledaily.com.tw/realtimenews/article/new/20131018/277221/（搜尋日期2014/3/21）

45　如Osborn & Momo為了愛動物而創立「MOMOCAT‧摸摸貓」寵物用品店。見〈為愛創業〉，《壹週刊》，第544期，2011/10/27。

46　林修禾， 2014，〈真愛橋：要真愛，讓創業家幫你橋到底！〉。資料來源http://www.businesstoday.com.tw/article-content-80408-105551（搜尋日期2014/3/21）

底！」[47] 透過兩性平台教導追求異性的方式、與異性相處的模式，幫更多人創造自己想要的愛情與幸福模式。以情人原型為主導的創業動機驅使下的創業方式大多充滿熱情、富有濃濃的幸福與關懷，經營也不會以競爭、征服為目的，如Stark所說「我們希望在辦公室凝聚一股像家的感覺，你會在這裡感受不像在辦公，而是在一個備受溫暖的地方工作，甚至同事與同事之間都是像情侶般的感覺。」[48]

不管愛是情慾的或浪漫的，是對人、對工作、對公理正義、或對上帝，它都是來自靈魂的召喚，讓我們摒棄淡漠疏離的生活方式，讓我們停止嘲諷、重新彼此信賴。由情人原型所主導的創業動機，是要追求溫暖、喜悅、熱情洋溢的生活方式，以及嚮往人與人之間更深層、持久、信賴的親密聯繫。

每個人的內心都有情人的原型存在，都渴望愛與被愛，愛是人的本能，不僅僅是性慾上的衝動，也是內心熱切深情的結合，愛將我們個人與所居住的土地、朋友、工作串連起來，是一種來自內在的力量，以愛為創業動機的力量充滿生命力與創造力，是透過愛自己、愛他人、愛大地來完成使命，實踐夢想。「我們要

---

[47] 同上。
[48] 同上。

去發掘探索自己的生之本能，藉著對所愛者付出承諾，而認識了自己是誰。」[49]

弄臣

「找一些可以激發靈感的事物，它可能是一個街頭塗鴉或一塊美味的麵包，把它當作是你生活中的活力來源，然後再繼續地發掘新事物。時時想著你究竟能在趨勢上建立什麼新事物，這將有助於你把它變得更有趣！即便是弄得讓人覺得討厭、古怪甚至滑稽都無所謂。」

——搖滾巨星，考伯[50]

> 弄臣（愚者）是許多故事的關鍵靈魂人物，其智慧與幽默通常能為整個劇情帶來生命的歡樂以及無比的娛樂效果。他不只能自得其樂，更喜歡大家一起同樂。愚者原型象徵一種不需要排他的精神完整性，愚者原型可能是探索之旅的起程，也可能是終點。一方面是因為弄臣（愚者）能反映出內在孩童的一面，它知道如何遊戲與享樂；它是我們的活力來源，它以原始的、孩子般的、自然的、好玩的創造力來表達自己。弄臣沒有道德觀念、無法無天、目無尊長、不受拘束、目無法紀。[51]

愚者擁有赤子之心，勇於嘗試與挑戰任何被禁止的規範與限

---

[49]　Carol S. Pearson, 2009: 200.
[50]　Jeremy Gutsche, 2010: 166.
[51]　Carol S. Pearson, 2009: 308.

制。由弄臣（愚者）原型主導的創業家，他們天生充滿了好奇，擅長於捕捉任何有趣的想法與情緒變化。他們創業的主要動機是為了追求單純的幸福快樂；他們喜歡「活在當下」，活著只是為了生活本身，對於未來、明天、願景等長遠的思考並沒有太多想法，也很少顧慮傳統、道德或別人的眼光。

如被稱為鐘錶帝國的老頑童、瑞士知名品牌Swatch集團的創辦人尼可拉斯‧海耶克（Nicolas G. Hayek）曾說過：「我沒有在工作，我這輩子沒有工作過一分鐘，我總是在自我娛樂！（I amuse myself.）」他們討厭枯燥無味的生活方式、更不喜歡預先規劃事情進度，創業對他們最大的吸引力在於，能夠和各式各樣的人一起創造出有趣新鮮的事情。對於管理龐大的集團產業，老頑童海耶克的態度是：「管理很簡單，就像在路上開車，只要你確保車子還開在路上，沒有開到路邊去，就能一路安全抵達。」熱愛群眾卻不想費盡心思管理他人，弄臣（愚者）原型的創業家總是不顧僵化的社會體制與文化包袱，能自由發展自己的創造力，「我愛我周遭的人、我所處的社會，但我也批判這個社會。向來只要我認為重要的事，從來沒有因為旁人跟我大喊：不要做！你做不到的！這不好！我就因而打退堂鼓。」海耶克指出自己所具備的特質是：有創造力，並且能對抗整個社會體制。「你還記得六歲時，相信很多事情、童話故事，充滿各種想像

嗎？然後進了學校、服兵役，扼殺了這些想像；因為這個社會告
訴你，這些天馬行空的想像是很愚蠢的。」[52] 他認為創業家必須
具備足夠的勇氣嘗試新事物，還要愛人們，樂於與人溝通，互相
激發想法，如此才能產生具有創意的想法、產品與服務。他們從
不恐懼創業失敗，對弄臣（愚者）來說，創業的目標不是成功，
而是享受創業過程中從無到有的過程。

　　另外，弄臣（愚者）原型主導的創業家往往具有無限的創意
點子和逗人趣味的發想，不但讓生活更加豐富，而且能保持樂觀
正面的態度面對生活中的重大挫敗與絕望。因為他們忙於享受此
刻的生活，因此沒有多餘的精力浪費在哀傷生命沒有秩序和意
義。所以在英雄之旅的終點也常常會出現弄臣（愚者）的性格，
即便是生命最痛苦之際，面臨心愛的人離去、逝世或生命中重大
的打擊與背叛時，還能堅持下去，還能相信生命仍然美好光明，
仍能將生命視為一種恩賜，去學習接受生命的全部。就是這種對
生命全體純然的感激和歡喜之情，充滿了愚者的智慧，使我們新
生喜悅。

---

[52]　林孟儀，2008，〈鐘錶帝國老頑童Swatch集團創辦人 海耶克 比瑞士總統還重要
　　的教父級人物〉，《遠見雜誌》，第268期，2008年10月號。

穩定

「不管遭遇任何狀況，必定有什麼是非堅持守護不可的。這種時候，人總能夠發揮意想不到的力量。自己的城堡，要如何靠一己之力守護？而又該有多大的覺悟，才能夠堅持守護到底？這就是彰顯領導者存在價值的時候。」

——豐田集團前經營者石田退三[53]

　　人們面對現代生活的快速步調與變化，所感受到的是強烈的無力感與不確定性，每一個人每天時時刻刻都要應付各種突發的新狀況，這些意外與變動觸發人們內心深層對穩定與控制的慾望。人生越是不安定、不確定，人們越渴望穩定與秩序，從早期的村落城牆、護城河圍繞著城堡、萬里長城的屏護，都是為了能維持秩序，防範外人與不同族群的入侵。面對自然的無常與現實的多變，人需要一些秩序與穩定作為安全感的來源，正如艾瑞絲‧默多克（Iris Murdoch）所說：「未熨平的手帕可能會讓人發瘋。」[54] 社會必須要維持一定的秩序，否則人們會陷入歇斯底里

[53]　小宮和行，2008，《豐田的最強基因》，頁205。
[54]　引自Iris Murdoch, 1975, *A Word Child*, p. 45.

的失序混亂狀態。人類學家李維－史陀（Claude Levi-Strauss）也指出，「在世界令人迷惑的複雜性面前，人類是蒼白無力的。」因此他透過簡化的結構主義原則來剖析社會生活中無序的龐雜經驗事實。秩序與穩定並不是個人追求自由的阻礙，相反地，秩序與穩定是追求更多自由與可能的基石。各種秩序與命運的恆常出現，揭示出我們的存在乃是共同體的一部分。

　　照顧者、創造者、統治者這三種原型都是以追求秩序與穩定為主要行為動機，不同之處在於照顧者會對人性有深刻的認知理解，他們比較不關心自己，總是致力於解決別人的問題、關心別

創業家除了照顧自己的員工，也需要被照顧。
圖為義大利威尼斯育成中心H Farm果農所栽種的蘋果，該中心無償提供給進駐創業家享用。落實消費「在地」的精神，並成為榜樣。

人的需求，努力嘗試讓別人覺得安全有保障、受呵護。創造者則從創新過程中發揮了控制力，滿足了控制的慾望，也實現了藝術的成就，為世界帶來更多美的事物與享受。統治者則是要掌控情勢，特別是面對混亂失序的狀態，他們的工作是負起責任，讓人生盡量可以預期、安穩。通常統治者會制訂規則、政策、風俗與習慣，以強化秩序與可預期性。

照顧者

「有些人快樂是因為他們的財富；有些人感到快樂是因為他們對社會做出巨大的貢獻；對我來說，如果我的同事和部屬能獲得更好的發展和機會，我會很高興。」

——聯想創辦人劉傳志[55]

> 照顧者不是透過權力與武力來馴服，而是透過無止盡的關愛與照料，讓被照顧者產生歸屬、被重視的感覺，透過兩者之間的平等互動、認同歸屬與情感交流，創造了一個共同的團體，在創業之途上，這個團體就是公司組織，由照顧者原型主導的創業家，往往能建立一個安全和諧的環境，不但關懷組織內部的員工，也以照顧更多人、讓整個社會與世界變得更加美好為主要目標。

---

[55] Gary Burnison, 2012: 156.

　　照顧者不同於統治者，照顧者原型的創業家是抱持著保護子女的情感，他們願意盡一切力量照顧員工與顧客，即使有所犧牲也在所不惜。照顧者也是利他主義者，是由熱情、慷慨和助人的慾望所推動，其生命意義在於施予與付出，他們不喜歡競爭而是講求平等分享與合作。照顧者原型主導的創業家，往往具有犧牲奉獻的特質，先是能意識到自己被愛、被照顧，不但充滿感謝也能勇於付出、分擔大眾活在世界上的責任，自己也成為照顧者的角色。照顧者原型的創業家對內會盡力照顧員工，如豐田汽車的工程師都是採取終身雇用制度，豐田前執行長豐田喜一郎曾提到，「工程師不是一日可成的，也不是集合一群烏合之眾就能擔當的。維護數百名工程師的福利，讓他們在安定的生活下自由從事研究是必要的。這方面的經費絕對不是昂貴的花費。」[56] 對外也會對顧客與社會大眾負責，只要是豐田出品的車子，無論哪裡出了問題，都必須負起完全的責任。「對自家製品不良的地方，不允許有推託之辭，不歸咎於其他理由，這是對自己的產品建立自信最重要的事。」[57]

---

[56] 小宮和行，2008: 132。
[57] 小宮和行，2008: 134。

創造者

「創業者本質上是夢想者也是實踐者。他可能想像某事,而且當他想像時,他確實瞭解如何實踐它。」──美國知名生物倫理學專家羅伯特‧史瓦茲(Robert L. Schwartz)[58]

> 所有的創業家都具有創造者的特質,他們都勇於想像、突破限制、開創未來,就像所有的藝術家、作家、發明家一樣,都是努力探索未知、將人類想像力發揮至極限。以創造者原型主導的創業家特別喜歡發展出與眾不同的想法,如藝術領域的喬治亞‧奧姬芙(Georgia O'Keeffe)或畢卡索(Pablo Picasso);或者音樂王國的怪誕天才莫札特。

創造者主要是追求自我表達的自由與可能,真正的創造需要一顆不受束縛的心靈,如瑪格麗特‧馬克和卡蘿‧皮爾森所說:「偉大的藝術和改變社會的發明,基本上都是源自於某人內心深處的靈魂,或是奔放的好奇心。藝術家基本上都自認為在創造未來世界。」[59]

創造者渴望開創的自由,能創造出前所未有的作品與成就,藉此讓創造者達成了某種不朽的存在。

---

[58] 卡爾‧艾勒(Karl Eller),2005,《創業家的8項修練》(*Integrity is All You've Got*),頁25。

[59] Margaret Mark and Carol S. Pearson, 2002: 289.

　　真正由創造者原型主導的創業家不會複製別人既有的成就，而是能創造出前所未有、與眾不同的事業，並且能對既有的社會、文化產生巨大的衝擊與改變。如英國《經濟學人》（*The Economist*）雜誌譽為「科技先知」、一手打造亞馬遜網路王國的貝佐斯（Jeff Bezos），就是一位科技夢想家的創業者，他改變了二十一世紀出版與零售兩大產業的遊戲規則。貝佐斯相信唯有不斷創新才能具有生存的優勢，他在矽谷成立研發中心「126實驗室」投入電子閱讀器的研發，最終創造出創新的經典之作──Kindle電子閱讀器。貝佐斯認為「*成功的企業是願意探索未知。*」[60]

　　另外一位也是傳奇型的創業家，臉書創辦人馬克‧祖克伯（Mark Zuckerberg），他用自己的創意、個性與價值觀創立了這個足以改變整個世界人們互動模式的網路社交平台。臉書最原始的設計是希望能建立一個平台，讓真實世界原本相識的人們彼此之間交流密切，可以產生更強大的情感作用。祖克伯提到：「*我真的樂於改善人們的生活，尤其是社交生活。*」[61] 這是一個

---

[60] 理察‧布蘭特（Richard L. Brandt），2012，《amazon.com的祕密》（*One Click: Jeff Bezos and the Rise of amazon.com*），頁25。

[61] 大衛‧柯克派崔克（David Kirkpatrick），2011，《facebook臉書效應：從0到7億的串連》（*The facebook Effect: The Inside Story of the company That is*

以個人關係為基礎的新溝通工具，改變了人際互動模式與頻率，影響了使用者的生活。科技趨勢觀察家艾絲特・戴森（Esther Dyson）提到：「臉書是第一個為一群人而設的平台。」[62]

祖克伯是從人群出發，想要讓人與人之間的交往更加自由、便利與透明，他創建了臉書社交網站，將個人轉變為擁有傳播資訊的當權者，擺脫習俗舊制，把權力賦予他人。臉書連結整個世界，成為一種超越地區、世代、種族的文化體驗，不但改變了人們溝通交流的互動模式，也改變了商業銷售與公司經營的方式，甚至改變政府與民眾接觸的方式，並開始影響了民主的過程。目前臉書已經成為全球各地不滿民眾發牢騷、起義、抗議的主要工具。作家柯漢（Jared Cohen）曾稱此為「數位民主」，「臉書是世上最有機的民主推銷工具之一。」[63] 然而，對於祖克伯來說，他創辦臉書的目的並不是要增加人們停留在這個網站的時間藉此獲利，而是「要幫助他們在此有良好的體驗，並且從中獲得最大效益。……我從來沒想過要經營公司，對我而言，一個事業只不過是達到目的的一種好工具。」「臉書公司的價值源於一個

　　Connecting the World），頁47。

[62]　同上，頁27。

[63]　同上，頁274。

概念——人是最重要的，幫助世人自我組織，這是最重要的事。」[64] 祖克伯的最終願景是要賦予人們力量，提供人們一種有效率的溝通工具，以對抗企業與政府大型機構越來越龐大的電腦運算能力與資訊資源的壓力。臉書改變了我們的社群概念，用網路科技的方式創造了舊時小鎮生活的熟悉親近感動。祖克伯透過新的科技工具打造出一個更接近他理想中的完美世界：「臉書以有別於市場經濟的『禮物經濟』模式運作——整個社會在這種相互贈與的機制下運作，期能創造更透明、更有秩序、更公平的世界。」[65]

創造者不同於魔法師，創造者的理想始終與社會集體息息相關，他們的自我實現與動機還是和團體成就與集體認同緊緊相依，他們創造出和人類生活相連、足以顛覆撼動整個社會文化的奇蹟。這些最終證明能推動社會、改變世界的往往不是專家，而是具有夢想家特質的創造者。

統治者

「如果你真正了解他們，你會在他們知道自己要什麼之前就

64　同上，頁308。
65　同上，頁275。

知道他們要什麼。偉大的統治者品牌非常了解自己的人民，因此
能預期到他們最深切的需求。了解原型，是一個有力的工具，能
協助你穿透表面，找到看不見的，逐漸浮現的需求。」[66]

統治者是最重要穩定秩序的原型，對個人內心而言，統治者是取得自我
平衡和諧的主要力量，往往出現在創業穩定發展期，當經歷了創業初期
的動盪波折之後，需要由統治者原型角色來負擔起領導者的責任，掌握
控制所有事務的權力；讓集體運作更有秩序、更加規律，逐漸踏上組織
化的發展。任何人參與團體的最大動機，是渴望一種超越個人自我的歸
屬感。因此，要領導團隊組織，必須真心關懷他人而非滿足自己的慾
望。

　　所以統治者渴望權力的動機不是個人的權力慾望，而是超越
個人的集體福祉，是希望讓集體穩定、和諧發展，能有效擬定適
當的策略與政策，集合團體的力量創造更大的成就。如西點軍校
退休校長哈根貝克（Franklin L. Hagenbeck）中將所言：「超越
自己的利益、效忠國家、有個崇高的目標，我認為沒有任何事物
能夠及得上它們。這就是為什麼我長久以來一直執著於此。」作
為領導者，必須展現超越自我，以成就更崇高的組織和理想的美

---

[66]　Margaret Mark and Carol S. Pearson, 2002: 328.

一個成功的創業家除了需要強烈的自我管理的能力外，也需要了解別人的需求，產生連結。
圖為政大創立方的一間創業辦公室，創業團隊正為訪客解說自己的產品。

德與自覺：征服自己，追求更大的善。[67]

　　統治者原型主導的創業家是渴望掌握權力、操控大局之人，他們有意願也有能力負擔起所有責任。他們和照顧者一樣，願意為社會整體福祉努力，不同之處在於統治者與被統治者之間的權力關係並不平等，統治者認為自己有能力判斷什麼是最好、最正

67　Gary Burnison, 2012: 108.

確的決策，不需要獲得被統治者的同意或贊成，他們自認比被統
治者了解需要什麼。權力是達成整體利益的必要手段，但權力本
身往往具有巨大的誘惑，常會讓統治者捨本逐末陷入權力競逐的
遊戲。

　　當然，統治者是團體組織建立與維持集體認同的靈魂。當統
治者具有領袖魅力與善念，能照顧、給予跟隨者強烈的安全感與
穩定，那這些人就會熱愛自己的工作，會為自己的企業組織、文
化傳統感到驕傲。西點軍校退休校長哈根貝克中將曾說過：「你
得關懷人們——為整個組織，也為個人。如果士兵知道你關心他
們，知道你有能力，就會真心為你賣命。」[68] 不論在理性或情感
層面，這些人民都願意遵守現有的社會規範與文化傳統，是穩定
現狀秩序的主要力量。相對地，如果統治者沒有具備照顧人民的
能力，也無法帶給人民認同與穩定，這樣一來人民很難熱愛自己
的國家，也難以安於現狀，這時社會中便會瀰漫著一股祈求改變
的力量，現存的秩序變得岌岌可危，變動與革命可能隨時一觸即
發。因此，統治者是帶來安定與秩序的重要力量，也可能是激發
革命與變動的主要原因。任何一個領導者面臨的最大風險，就是

---

[68] Gary Burnison, 2012: 99.

正要衝鋒陷陣之際，才發現後面空無一人；或者是統治者的權力慾望過度強烈，容易導致迷戀權力與控制，因而陷入懷疑猜忌、無法信任他人及參與團隊合作等極端行為。

打破單一文化的迷思

「真理和理論確實不同。人類根本不是單面向，而是具有豐富面向的存在實體，有七情六欲、信仰、不同的優先順序和行為類型，就好像我們可以用紅藍黃三原色調出上百萬種色彩出來一樣。正因人性有如此豐富多樣的特質，所以企業不是非得追求利潤極大化的單一目標。」[69]

麥可斯（F. S. Michaels）在《單一文化》（*Monoculture: How One Story Is Changing Everything*）一書中提到，「慢慢的，單一文化會發展成我們生活結構與形塑結構近乎無形的基礎。形塑我們對於什麼是正常的概念。讓我們恐懼不信任其他故事，不相信其他可能性的存在。」[70]

所謂「單一文化」是指一種文化遵循的統治模式，是一種主

---

[69] Muhammad Yunus, 2011: 23.

[70] F. S. Michaels, 2011, *Monoculture: How One Story Is Changing Everything*, p. 2.

流故事——在社會中取代其他的唯一敘事，抹煞了多元而形成單一文化。當人類身處在歷史上某一特殊時期的主流故事中，往往會接受這故事所定義的真實，便會無意識地堅信某事或行動，並且對其他事情不信任、置之不理。這就是單一文化的力量，單一文化能夠直接引導我們的行為，讓我們不加思考、反省自己所做的一切，也不會真正理解我們每天每夜所做的選擇、行動的動機究竟為何。單一文化，讓我們失去了理解自己、認清自己、活出自我的可能。

　　單一文化，就像意識型態一樣，具有壓倒性的說服力與普遍性，會滲透到人們生活的一切，掌握主流論述與大眾行動。1993年，IBM陷入衰退的漩渦之際，路・葛斯納（Louis Gerstner）接下IBM執行長，一路走來，他發現改變的關鍵在於「文化」，他說：「改變幾十萬人的態度與行為是非常困難的事。我在IBM工作時發現，文化不只是競賽的一個面向——它根本就是競賽本身。」[71] 一旦主流文化形成單一霸權，就難以撼動。不過，生命總有出口，人類的經驗總是如此繽紛多樣，總是能在單一文化之外，展現出不同的生命軌跡與樣態。創業也是如此，在經濟論述

---

[71]　Jeremy Gutsche, 2010: 72.

當興趣成為創業的知識基底時往往會更持久，在無形中增加了競爭者進入的門檻。
圖為英國倫敦歷史悠久的科芬園（Covent Garden）裡骨董市集的攤位。

所主導的單一文化之下，自然而然會將所有創業動機化約為爭取最大利益與經濟上的成就。然而，坊間所有的創業書籍所揭示的故事都並非如此。幾乎沒有一個創業家的創業動機是為了追求最大的財富，相反的，每個人的創業動機都不盡相同，然而，這些看似五花八門、各不相關的個人動機，事實上所反應出的是人格結構中的不同原型。就如同榮格所言：「在所有的混沌中有一個宇宙，在所有的無秩序中有一個祕密的秩序。」[72] 而原型理論正是我們窺探這些祕密秩序的關鍵之鑰。

　　上述十二種不同原型都共存於我們的人格結構之中，但隨著每個人不同的生長環境、生命週期的不同階段與經歷，而出現不同原型的人格特質。生命的每一個階段中，我們都有必須學會的特殊課程。因此，藉著學習特定的生命課程，就會引發喚醒了與其相關的原型。除此之外，在創業過程的不同階段也可能會出現不同的原型角色，例如，在創業初期最常出現樂觀正向的天真者原型，或者是不斷追求探索的探險家。在創業發展期，可能會出現英雄或亡命之徒，不斷擴大征服，尋求更高的事業成就與人生巔峰。在創業穩定期可能會出現統治者、照顧者、愛人者的原

---

[72]　Ellie Rubin, 2002: 168.

型，讓事業成為自己和其他人與整個世界互動的平台，透過創業來達成穩定權力、照顧他人、關懷社會等超越個人的集體目標。不論是人格發展或創業歷程都不會只是單一模式或唯一動機，理解原型是讓我們更了解人類行為的複雜性與價值的多元性。就像穆罕默德・尤努斯所言：「現行經濟體制最大的失敗，就是無法滿足基本的人性渴望。」[73] 我們必須對人性有更深刻的理解，才能掌握複雜多變的人生。

　　結合動機與原型理論是讓我們了解不同原型會具有不同的創業動機，而不同世代之間的生命經驗與成長軌跡也會凸顯不同的原型特質，又各自形成不同的創業動機、創業類型與模式。認識原型是讓我們了解創業的理由，是體會這個世界中各種生命存在的不同姿態，擺脫單一文化是走向包容多元的開放，創業沒有特定的模式與樣貌，沒有標準答案。

---

[73]　Muhammad Yunus, 2011: 211.

附錄　叛逆的風景

原載《工商時報》2013/10/3

　　走過殖民全球的日不落年代，在大帝國結構崩解之後，英國卻又以深厚的文化基礎成為文創大國。

　　英國的創新早已成為國家品牌的一部分，JK・羅琳可以超越女王成為全英最富有的女性創業家之一，讓好萊塢得以創造出風靡全球的《哈利波特》風潮，甚至讓知名創投家杜瑞普（Tim Draper）從中獲得靈感，決定在美國矽谷興辦一所與眾不同的創業魔法學校。

　　文化的力量，好比酵母菌，經過幾世紀的傳播，還能以不同方式存在著，並且代代相傳。《哈利波特》的故事和電影再怎麼逼真，距離真正的學院教育應當還很遠。而杜瑞普所創辦的創業家學校就好比迪士尼樂園，以電影情節為靈感來打造一個「類真實」的世界，期待能培養出許多創業明星，看得出他很想「弄假成真」的決心。

　　英國文創教父約翰・霍金斯曾說：「創業已經成為二十一世紀的搖滾樂！」在個人主義無所不在的網路創業年代，讓每一個自主獨立的個體，找到發展自我的舞台。然而，在以自由為王道的現在，傳統的雇傭關係一經瓦解並顛覆了人們的生產方式與工作習慣後，獨立工作者該如何與其他人共處、成長，進而與社會接軌，也成了一個普世的嶄新課題。

在現實世界中，我們無法看透組織如何運作，也無從了解一個人的內心世界。通常我們所看到的，只有外表，譬如一個人的言談、穿著、行為舉止等等。然而，小說家最厲害的，就是能把一般不為人所知的內在面向與自我心中的獨白，透過故事與角色安排呈現出來。

我們沒辦法看到現實生活中個人心裡的黑暗面，但我們可以從故事中每個角色的言行，看穿行動表面下的深層動機，知道人性的狡詐與邪惡。然而，這些只有在故事中才能完整呈現。所以故事往往比真實世界更加真實。

《哈利波特》教了我們什麼？哈利是個孤兒，故事裡說的是道德，展現的是人類面對善與惡的抉擇，是個人成長的歷程，這跟創業家所面臨的問題是一樣的。台灣目前最大挑戰是一個個人主義的探索與發展，這在本質上和原本社會的文化基底結構是衝突的，卻是創意經濟的必要結構。獨立工作者最大挑戰就是必須在思想和行動都能自信自然自動，敢與既有體制對話與對抗。這些思維顯然已經不只是人文議題而更會全方位的影響整個社會，是文化議題更是經濟議題。台灣社會轉型的數後一哩，將是如何成為一個以人為本的個人主義社會，並且超越功利主義社會的挑戰與危機，走向更美好的明天。

哈利波特的故事原型來自於英國私立中學的學院制（house system），這個制度歷史悠久，比「大學」這樣的概念更久遠。當初設立的機制是以宗教的性靈照護為初衷，主要針對學員學習以外的人生教育為主。在人的成長過程當中必須面對許多問題，比如感

情、婚姻與家庭問題、人際問題、情緒問題。雖然現代科學興起，傳統宗教也已經與政治經濟脫鉤，但這個制度仍然影響著歐洲的教育制度，成了牛津、劍橋大學部延用的學院制度。

各個學院由學生會員與院士組成，這些學院的區隔並不是學術的專業，而是學院的風氣與信仰和價值認同。每位成員都是以個人的身分申請進入學院，在學院裡，學生在多元領域百花齊放的氛圍下相互碰撞。

各種不同人生階段的學生在此共同生活，在導師與院士們的帶領下，面對不同的文化、宗教背景與價值，他們學到的是發展潛能、認識自己。每個人在一個相對穩定和諧的環境，開始了生命中對知識的渴求，致力做學問。

也因為如此，這樣的環境培養了影響全世界的院士校友。例如三一學院的物理學家牛頓，哲學家培根、維根斯坦，詩人拜倫等等，這裡培育出諾貝爾獎得主比一整個法國還要多。因為傑出校友多了，三一學院相對的也就繼承了許多重量級的資產，不管是有形的如三菱鏡，或是軼事與文化氛圍，這樣的氛圍，造就了英國的奇特風景，一個真正的魔法學校。

要形成一個這樣的社群，絕非不可能。但是我們也必須了解，要成就一家有魔法的創業學校，並非一蹴可幾。也絕對不是買一棟老建築，以為蓋一個長得非常迪士尼的旅館就可以養出更多的賈伯斯。

一切還是得先從發展個人做起，從思想來改變人和社會。一天到晚喊著想要提升競爭力，強化想像力、創新與創造力的台灣，最

重要的課題，該是如何成為一個思考者，思考如何與觀點不同的人相處、生活與合作。

而在目前一切價值似乎都面臨解體的台灣，如同英國學院般服務獨立工作者的創意聚落，顯然是一個得以讓台灣轉型向理想社會的發展方向。只要好好發展這樣的創意聚落，除了能厚植個人主義的土壤，也一定能開出更多更美的創意花果。

第四章
創業的力量

你有種神聖的召喚

問題是，你是否願意

花時間傾聽它的呼喚？

你是否願意照亮自己的道途？

你是自己生命的作者

別讓其他人替你下定義

真正的力量來自於

做你注定要做的事

並且做得好

——歐普拉（Oprah Winfrey）[1]

　　前面探討的是創業家的「英雄之旅」與「原型特質」，我將創業視為一趟自我實現的個人英雄之旅，並且透過榮格的原型理論逐一剖析創業家的十二種原型。創業並不是天賦異稟的特異功能，而是蘊含在每個人心中那顆追求自我實現的種子。雖然，不同的成長環境與外在力量會賦予這些創業種子不同的呼吸空間與

---

[1]　丹・米爾曼（Dan Millman），2012，《生命如此富有：活出天賦潛能的心靈密碼》（*The Four Purposes of Life: finding meaning and direction in a changing world*），頁118。

成長機會。但創業，就是讓個體能勇敢走出屬於自己的道路、能努力克服環境限制以成就自己此生的命運。創業英雄之旅從來就不輕鬆容易，沿途危機四伏、困難重重，充滿了各種挑戰、打擊與挫折，但也正因如此險境，才能成就英雄。

　　本章我所要探討的是創業的力量，首先將釐清影響創業活動的各種內外因素，為什麼有些創業種子能長成為大樹，有些種子卻遲遲無法發芽茁壯？我會簡單回顧過去相關的創業理論，分析各領域專家學者如何詮釋理解創業活動。接著，進一步說明這些理論相較於以人為本的創業思考之間的差異。最後，我將以正向心理學的觀點來分析提供源源不絕創業力量的泉源。

創業理論的發展軌跡

　　創業，成為一門專業研究課題和十九世紀初西方社會興起的資本主義經濟生產模式息息相關，隨著資本主義的興起，越來越多人競相投入各式各樣的經濟生產活動，促成資本的大量累積與生產規模的顯著擴張。對此，不同領域的專家學者各自提出觀察的結論與因應的對策，經濟學者很早就對創業研究感到興趣。耐特（Russel M. Knight, 1921）就曾指出創業家必須容忍高度的不確定性，並願意投入生產來滿足多變化與不確定的市場需求。經濟學先驅熊彼得（Joseph Alois Schumpeter）也提出創新、創業

對經濟發展能產生重大影響，他認為創業是經濟發展的主要趨動力，企業家重新組合生產原料進而達到創新的目的，創業家就是具有創新能力者：「將原來的生產要素重新組合，藉由改變功能來滿足市場需求，從而創造利潤，創業者就是實踐這些創新組合的人。」[2]

這種創新與創業家的定義和資本主義的發展模式有關，熊彼得認為，「創新」是一種資本主義的創造性破壞（The creative destruction of capitalism），是將原始生產要素重新排列組合為新的生產方式，以求提高效率、降低成本的一個經濟過程。在熊彼得的經濟模型中，能夠成功「創新」的人便能夠擺脫利潤遞減的困境而生存下來，那些不能夠成功地重新組合生產要素之人會最先被市場淘汰。對熊彼得而言，破壞與創造是共存的，每一次的經濟蕭條都蘊含了下一次復甦的力量；相同的，每一次的技術革新也預告了下一次蕭條的來臨。熊彼得從經濟角度來分析創業家的功能與角色，他認為創業家的特質是無法經由後天的教導，因此只有少部分人可以擁有創業的能力。[3]

---

[2]　Schumpeter, J. A., 1934, *The Theory of Economic Development: An Inquiry into Profits, Capital, Credit, Interest and the Business Cycle.*

[3]　Ibid., p. 119.

圖為台北科技大學的前身——台北工專上課的情形。
圖裡所闡述的內容就是當時台灣還是以傳統製造工業為主的教育狀況。

　　之後，奧地利學派也根據海耶克（F. A. Hayek, 1949）所提出的資訊不完全概念，探討在市場資訊不對稱的情況下，創業家會透過學習、利用資訊優勢獲得市場機會，並且能將不均衡的市場帶至均衡狀態。但是奧地利學派的創業理論，只是著眼於探討價格機制與經濟體中創業家的角色，卻未探討人類行為差異的問題，忽略創業家人格特質的問題，也完全未觸及創業資源的問

題。簡單來說，奧地利學派的論點認為：人們不能認知到所有的創業機會，資訊比人的屬性更能決定誰會成為創業家，機會發掘的過程當然也會受到個人創業意願的影響。[4]

　　不同於經濟學家關心的經濟景氣循環、失業率高低、資源分配等經濟問題，社會學者則從不同角度來詮釋資本主義社會中日益蓬勃發展的創業活動，其中最有名的古典社會學家之一是馬克斯・韋伯（Max Weber），他看見由一種新的價值觀所創造出來的經濟體制，這是一種近代的、西方的，不同於古代的、東方的資本主義精神，其中隱含的新教倫理觀是：「在現代經濟制度下能掙錢，只要掙得合法，就是長於、精於某種天職（calling）的結果與表現。」而這種資本主義精神正是賦予這些活動「一種要求倫理認可的確定生活準則，以勞動為自身的目的，視勞動為天職。」[5] 他將「資本主義」視為一種理性化的過程，而新教倫理的

[4]　劉常勇、謝如梅，2006，〈創業管理研究之回顧與展望：理論與模式探討〉，《創業管理研究》第1卷第1期，頁1-43。

[5]　Max Weber, 2002, *The Protestant ethic and the "spirit" of capitalism and other writings*, pp. 17-18. 韋伯在《新教倫理與資本主義》中清楚的指出宗教不只是反應單純物質基礎結構，也會更進一步影響了社會發展。和馬克思不同的是，韋伯對心靈、精神層面等非理性因素的重視，他認為影響不同教派在不同職業中選擇與適應的因素是來自於宗教信仰中永恆的內在特徵，而非外在的政治歷史環境因素，是新教倫理支撐了艱苦勞動、積極進取的精神覺醒，而非一般所認為的單純對生活樂趣的享受，或者是受到啟蒙運動的影響。（Weber, 2002: 6）

入世思想，追求世間成就視為「天職」，用這些成就榮耀上帝以彰顯自己為命定的選民，這種宗教上的倫理基礎提供了新教徒在各方面的傑出成就，包括整個西方社會經濟的快速發展。[6] 韋伯主要目的是強調資本主義起源所具有的非經濟性因素，藉由闡述新教倫理與資本主義精神之間的關係，提出唯物論無法回應的精神層面的問題，進而論證「觀念」如何成為推動歷史變化的有效力量。他深切期望現代人可以逃離純粹利益的經濟活動，超越作為手段的工具理性，提升到價值理性的境界，並且呼籲每個人終生必須尋找到自己的「上帝」，也就是其生命價值與意義。

　　創業，和所有人類行為一樣，都不能只是從經濟理性的觀點來分析，在現實生活中，人的行為是由許多個人、社會環境、文化脈絡等複雜因素所影響而成。社會學採取超越個人層次的集體觀點來分析創業活動與社會整體之間的互動關係，包括國家政治體系、社會制度的差異對創業的影響，如格蘭諾維特（M. Grano-

---

[6]　韋伯指出路德宗教改革所產生新的概念，個人道德活動所能採取的最高形式，應是對其履行世俗事務的義務進行評價。宗教改革賦予日常世俗活動的宗教意義，並以此基礎更進一步提出天職（calling）的思想。也因而引出所有新教教派的核心教理：「上帝應許的唯一生存方式，不是要人們以苦修的禁慾主義超越世俗道德，而是要人完成個人在現世裡所處地位賦予他的責任和義務。」（Weber, 2002: 40）

vetter）認為發展中國家的創業與企業發展息息相關，並探討家族關係對於創業所帶來的阻礙與幫助；以及斯維德伯格（R. Swedberg）提到信任對於創業家在複雜社會關係中創立企業的重要影響。[7]

近來社會學研究也受到經濟學的影響，從社會網絡觀點著手研究社會網絡對創業活動與創業家所產生的影響。寇曼（J. S. Coleman）引入經濟學家對於理性的行動原則來分析社會系統，然後再加上社會脈絡的說明，亦即將經濟系統與社會結構組合起來。他提出社會資本（social capital），將社會結構引入理性行動典範的方法，社會資本是指有助於行動的關係連結，可視為個人的關係網絡，因為關係交換的社會資本，有助於透過期待、以及建立和強化規範來達成信任。還有博特（R. S. Burt）將網絡關係模式化，提出結構洞（structural holes）的概念。[8] 格蘭諾維特則提出連結強度的概念，並以「接觸的頻率、關係的情感密

---

[7] M. Granovetter , 1995, "The Economic Sociology of Firms and Entrepreneurs", in *The Economic Sociology of Immigration: Essays on Networks, Ethnicity, and Entrepreneurship* (eds.); R. Swedberg, 2000, *Entrepreneurship: the Social Science View.*

[8] J. S. Coleman, 1990, *Foundations of Social Theory*; R. S. Burt, 1992, *Structural Holes: The Social Structure of Competition.*

度、熟悉程度與行動者的互惠承諾」等四項準則來評量連結強度，將社會連帶區分為強連結（strong ties）與弱連結（weak ties）兩大類。強連結傾向於以長期關係來連結的熟悉朋友，例如親近的朋友與家人，優點是可提供有利資訊的搜尋及關鍵資源的捷徑，降低監控與談判成本。但強連結關係的網絡成員中同質性太高，會使資訊的重複性過高。相較之下，弱連結可增加接收新資訊及認識新朋友的機會，會帶來更多的價值與可能。[9]

除了社會整體環境對創業的影響之外，社會學者也開始重視創業對社會網絡的影響，如戴維茲森和霍尼格（P. Davidsson & B. Honig 2003）指出社會網絡在創業研究模式中可做為自變數或應變數，前者探討網絡如何影響創業過程，後者則是以動態觀點探討創業過程中社會網絡的演進歷程。[10] 另外，也針對社會網絡的異質性提出相關研究，如多林格（M. J. Dollingers）將社會網絡關係分為「個人網絡」及「延伸網絡」兩類。前者是指創業家直接接觸的人際網絡，而延伸網絡則指企業對企業的正式關

---

[9] M. Granovetter, 1973, "The Strength of Weak Tie", *American Journal of Sociology*, Vol. 78, 1360-1380.

[10] P. Davidsson and J. Wiklund, 2001, "Levels of Analysis in Entrepreneurship Research: Current Research Practice and Suggestions for the Future", *Entrepreneurship Theory and Practice*, Vol. 26(2), 81-99.

係。創業家可經由投資伙伴、經理人、顧客、供應商、以及其他利益關係人之間跨越疆界的活動,來發展這些網絡。[11] 歐唐納(A. O'Donnell)等人也將網絡分為「組織間網絡」及「個人網絡」兩個層次,前者以組織為行動者,為正式的連結關係,包括了垂直與水平的網絡關係;而後者則以個人為行動者,多為非正式的關係,包括商業網絡、社會網絡及溝通網絡等。[12] 格列夫與沙勒夫(A. Greve & J. Salaff)研究創業過程中創業家的社會網絡活動,針對四個國家的實證資料進行分析,結果顯示在創業的第一階段(構想產生),創業家並不會大量與網絡成員討論構想及發展關係;但到了第二階段(規劃),就會開始擴充網絡數量與活動,此時在網絡的發展與維持上花費最多時間;第三階段(建立企業),則會降低社會網絡成員的數量,趨於核心及重要成員之維持。[13] 約翰尼生(B. Johannisson)探討社會網絡與創業成長之關係,指出三種類型之社會網絡關係為:資訊網絡

---

[11] M. J. Dollingers, 2003, *Entrepreneurship: Strategies and Resources* (3ed.).

[12] A. O'Donnell, A. Gilmore, D. Cummins, and D. Carson, 2001, "The Network Construct in Entrepreneurship Research: A Review and Critique", *Management Decision*, Vol. 39 (9), 749-760.

[13] A. Greve and J. Salaff, 2003, "Social Networks and Entrepreneurship", *Entrepreneurship: Theory and Practice*, Vol. 28 (1), 1-23.

（information networks）、交換網絡（exchange networks）、影響力網絡（influence of networks）。而這三種網絡會互相依賴，其中資訊網絡可為交換及影響力網絡鋪路。[14] 伊巴拉（H. Ibarra）將網絡區分為「工具性」及「情感性」網絡，前者是指工作有關的資源交換，後者則是以友誼與社會支持為主。雖然社會網絡累積了許多實證研究探討創業活動與社會網絡之間的互動關係，但社會網絡研究在本質上和經濟學研究並無二致，也是將社會力視為促進個人利益、增加經濟價值的要素。[15]

除了社會網絡理論之外，從巨觀層面分析創業活動的相關理論還有資源基礎理論（Resource-Based Theory），強調企業必須具備有價值的策略性資源，才能擁有競爭優勢。如巴尼（J. B. Barney）提出有價值、罕有、不可模仿、不可替代等四種資源的特徵，作為策略性資源的指標。[16] 阿爾瓦雷斯和布森尼茲（S. A. Alvarez & L. W. Busenitz）結合資源基礎理論與創業議題，試圖

---

[14] B. Johannisson, 2000, "Networking and Entrepreneurial Growth", in D. L. Sexton and H. Landstrom (eds.), *Handbook of Entrepreneurship*.

[15] H. Ibarra, 1993, "Personal Networks of Women and Minorities in Management: A Conceptual Framework", *Academy of Management Review*, Vol. 18 (1), 56-87.

[16] J. B. Barney, 1991, "Firm Resources and Sustained Competitive Advantage", *Journal of Management*, Vol. 17, 99-120.

擴展資源基礎理論的應用範圍,並建立適合於解釋創業行為的新理論。阿爾瓦雷斯和布森尼茲認為資源基礎理論十分適合用來分析創業家的決策、機會認知、機會發現、組織能力與市場競爭優勢。由於創業活動賦予資源一種新的能力,其強調創業活動中資源異質性是機會發現之核心,因此資源基礎理論有助於解釋創業者之資源轉換過程(Alvarez & Barney, 2002)。[17]

另外,制度學派也是從組織層面著手研究創業活動,制度學派理論對於組織生存的解釋,著重在組織如何調整其內部結構及運作方式,去符合制度規範的要求。制度理論強調企業的組織型態與運作方式,乃是受到制度環境中政治、法令、社會規範、文化認知等力量的影響。[18] 因此,創業活動的興衰取決於一個地區、國家的制度是否完善,創業家的成敗也取決於是否符合制度規範。如陳東升指出制度環境對於組織存活與成就的影響是經由正當性(legitimacy)的取得過程,組織如果能夠建立足夠的合法性,則所受到的外在威脅會減少,並能保障資源的充分供應。換言之,組織若能從制度環境中獲得社會的認可,得到合法性支

---

[17] S. A. Alvarez and L. W. Busenitz, 2001, "The Entrepreneurship of Resource-Based Theory", *Journal of Management*, Vol. 27 (6), 755-775.

[18] 莊正民、朱文儀、黃延聰,2001,〈制度環境、任務環境、組織型態與協調機制——越南台商的實證研究〉,《管理評論》,第20卷第3期,頁123-151。

持，將可提高組織獲取外部資源的能力與生存機會。[19] 奧德里奇和費歐（Aldrich & Fiol）也指出在新興產業中，新創事業往往面臨著缺乏合法性的限制。所謂合法性是指一個實體企業所採取的行動之認知與假設，需要適當的在一個有規範、價值觀、信念之社會建構系統下進行。合法性又可分為認知性與社會政治性兩類。前者指的是新事業概念知識的擴散，可透過競爭者、配銷商、大學等之夥伴關係來達到新概念的創造。後者指的是在規則與標準之下的新事業，才能獲得利益關係人的接納。新創事業要能成功在市場上立足，必須取得合法性。[20] 另外，布森尼茲、戈麥斯（C. B. Gomez）和史賓塞（J. Spencer）則從國家制度切入探討不同國家制度對創業活動的影響，分別從法則性（regulatory）構面、認知性（cognitive）構面、規範性（normative）構面探討制度對創業活動的影響。[21]

---

[19] 陳東升，1992，〈制度學派理論對正式組織的解析〉，《台大法學院社會論叢》，第40卷，頁1-23。

[20] H. E. Aldrich and C. M. Fiol, 1994, "Fools Rush In? The Institutional Context of Industry Creation", *Academy of Management Review*, Vol. 19, 645-670.

[21] L. Busenitz, C. B. Gomez & J. Spencer, 2000, "Country Institutional Profile: Unlocking Entrepreneurial Phenomena", *Academy of Management Journal*, Vol. 43 (5), 994-1003. 制度的法則性是指法律、規則及政府的政策是否提供新事業支持，以降低個體開創新事業的風險，並促使創業家能獲得更多的資源；制度的認知性則是指環境中個人是否具有開創新事業的知識與技術，例如創業者是否知道從何

從巨觀到微觀──以人為本的創業觀

　　然而，這些巨觀層面的理論分析雖然說明了不同社會文化、政治制度對創業活動的影響，卻忽略了從個人更深層的內心結構，探討創業行為的原因與價值。相較之下，反而是古典社會學家韋伯從理解社會學（Verstehen）和反實證主義（又稱為人文主義社會學）著手研究創業活動，更能凸顯出創業家的社會意義與行動價值。另外，心理學也是從微觀的層次切入，利用心理學的取徑（psychology approach）來探討創業行為，一開始傳統心理學是從創業家的人格特質（traits）下手，他們試圖找出適合創業的人，主要的焦點是研究創業者先天的條件[22]，如創業家的個性、心理狀況、對風險之偏好程度等因素。然而，近三十年來，眾多學者把目標放在探討人格特質對於創業行動與結果的影響，卻無法得到一致性的統計顯著支持，因此至今仍無定論。[23]

　　處去獲得產品與市場之相關知識；而制度的規範性包括了一國的文化、價值觀、信念是否會影響居民的創業導向。（劉常勇、謝如梅，2006: 22）

[22]　Z. J. Acs and D. B. Audretsch (eds.), 2003, *Handbook of Entrepreneurship Research*.

[23]　Baron 1998; R. K. Mitchell, L. Busenitz, T. Lant, P. P. McDougall, E. A. Morse, and J. B. Smith, 2002, "Toward a Theory of Entrepreneurial Cognition: Rethinking the People Side of Entrepreneurship Research", *Entrepreneurship Theory and Practice*, Vol. 28, 93-104.

由於無法獲得實證支持，使得人格特質觀點不能進一步引領創業研究，後續學者大都轉向行為觀點，將創業過程視為是一連串的人性決策行為，或是著眼於探討後天的心理因素，如認知行為的議題轉向認知理論（Cognitive Theory）。1990 年代中期，布森尼茲和劉（Busenitz & Lau）使用認知結構與認知過程的概念，解釋為何有些人擁有較強的創業意圖。[24] 認知心理學主張要瞭解創業的核心，必須更深入地去探討創業家的思考本質。因此，許多研究者試圖解開創業家認知模式的黑盒子，藉此探索如何才能有效發掘創業機會（Krueger, 2003）。[25] 米歇爾（R. K. Mitchell）等人將創業認知（entrepreneurial cognition）定義為「人們用以評估、判斷及決定有關於市場機會、新事業開發及成長的知識結構」。

換句話說，創業認知就是用來理解創業家如何使用心智模式，將眾多外部資訊加以連結，大膽判斷市場商機所在，進而組

---

[24] 認知結構指的是一個人對於風險、控制、機會與利益之信念與看法，認知過程則是指一個人的資訊處理方式與能力。L.W. Busenitz and C. M. Lau, 1996, "A Cross-Cultural Cognitive Model of Venture Creation", *Entrepreneurship Theory and Practice*, Vol. 20 (4), 25-39.

[25] N. F. Krueger, Jr., 2003, "The Cognitive Psychology of Entrepreneurship", in Z. J. Acs and D. B. Audretsch (eds.), *Handbook of Entrepreneurship Research*, pp. 105-140.

合必須的資源，開發新產品與開創新事業。簡單來說，認知理論就是從個人的感知（perception）、記憶和思考等認知過程，解釋創業家與周邊關係人、外部環境互動的心智過程（mental processes）。因此，藉由認知理論可用以連結創業家認知與創業環境、創業行為之間的關係，加強研究者思考有關於創業心理面之議題。[26] 綜合而論，認知心理學可為創業研究提供較為豐富的理論基礎，使研究者能夠更深層次的分析創業家與創業團隊發掘機會的心路歷程。[27]

　　探討創業的理論從經濟層面到社會整體因素，從巨觀層次到微觀層次，從主動到被動，都提供了許多觀點角度來理解創業活動。不過所謂的理論往往受限於科學主義客觀方法的框架，常常避而不談個人價值與主觀選擇的議題，可惜的是，這些來自於個人內心的價值選擇可能才是構成創業家的最大動力來源。正如我們上一章所提到，來自於人格結構中的原型特質主導的動機渴望，才是影響每一個人此生奮鬥的動力泉源。雖然我們無法掌控外在的環境與條件，例如：天生特質與生理條件、出生的家庭背

---

[26]　R. K. Mitchell, L. Busenitz, T. Lant, P. P. McDougall, E. A. Morse, and J. B. Smith, 2002, "Toward a Theory of Entrepreneurial Cognition: Rethinking the People Side of Entrepreneurship Research", *Entrepreneurship Theory and Practice*, Vol. 28, 93-104.

[27]　N. F. Krueger, Jr., 2003, "The Cognitive Psychology of Entrepreneurship".

景與文化脈絡、全球經濟景氣的興衰波動、社會壓力與國家制度等等，即便有各種內外的限制，但我們仍舊擁有選擇自己生命樣態與追尋價值的自由與空間。創業，不應該是被環境所逼、不得不如此的人生窘境；創業，應該是追尋自己存在與生命意義的努力。因為，生命的可貴在於毫無保留的為自己所選擇的價值而努力。

「理念的最佳表達方式不是話語字句，而是我們所做出的選擇。我們經年累月地塑造自己和自己的生活，這過程永不停止，直至我們辭世。最終，我們必須對自己的選擇負責。」[28]

正面的力量──超越黑暗

「理想的人生不應該是出於恐懼而追逐乳酪，它應該是在曲徑裡前進，而旅程的本身，就是目的。」[29]

傳統心理學關於情緒的研究大多集中於焦慮、憂鬱及其他的

---

[28] 語出美國羅斯福總統夫人愛蓮娜・羅斯福（Eleanor Roosevelt）。引自塔爾・班夏哈（Tal Ben-Shahar），2013，《幸福的魔法：更快樂的101個選擇》（*Choose the Life You Want: 101 Ways to Create Your Own Road to Happines*）。

[29] 丹尼爾・品克（Daniel H. Pink），2006，《未來在等待的人才》（*A Whole New Mind Moving from the Information Age to the Conceptual Age*），頁253。

不管動機為何，創業最重要的還是要回到自己心靈的呼喚。
圖為演說者準備演講前專注在講稿上的情形。

負向情緒狀態，正向心理學是二十世紀末才興起的學科，有別於
過去心理學將研究目標聚焦於病態的醫學分支，正向心理學更重
視積極發展的能量。馬斯洛早在1954年曾指出：「心理學在負向
研究的成就遠勝於正向研究，這結果使心理學的研究偏向於個人
的缺乏、病痛和罪惡，多過於人的潛能、德行、理想的渴望與抱
負，或追求心靈的高度，就好像是心理學甘願自限於人性的黑

暗、粗鄙、匱乏面，或寧願待在公允判別的半途之中。」[30] 他主
張心理學的關懷範圍應該更廣大、更多元，必須包含心理衛生教
育、成長的學習與心靈的增長等等課題；心理學除了治療心理疾
病與心靈困擾之外，更重要的是幫助人，使人的生活能更充實、
更能增加生產力、以及發展和培育人的潛能與天賦。

　　然而，在馬斯洛提出呼籲之後，經歷了數十年心理學才真正
開始轉向，1997年冬，美國心理學會（American Psychological
Association）主席馬丁・席利格曼（Martin Seligman）首度提出
「正向心理學」（Positive Psychology）一詞，強調積極面對的
正向思考概念，顛覆心理治療長期以來以研究負向病徵的傳統，
更點出「正向思考」對個人的幸福與快樂感所扮演的關鍵角色。
事實上，越來越多的心理學實證研究顯示，幫助當事人喚起正向
積極的內在動機去因應所面對的挫折與困境，較不易因挫敗所帶
來的挫折感而輕言放棄。[31]

　　正向心理學的理論核心，是探討與研究存在於所有的個人與
群體中，各個層面的正向心理和行為，是一種人與生俱來所擁有

---

[30]　Dan Millman, 2012: 4.

[31]　M. E. P. Seligman, 2000, "The positive perspective", *The Gallup Review*, 3 (1), 2-7;
J. E. Gillham & M. E. P. Seligman, 1999, "Footsteps on the road to positive
psychology", *Behaviour Research and Therapy*, 37, S163-S173.

的潛能，這種與生俱來的正向心理與信念，是可以幫助人以積極
正向的態度處理和解決問題，可以讓人的生命更有價值，也可以
引領每一個人更快樂、滿足與繁榮、旺盛。[32] 馬丁・席利格曼也
曾提到人的快樂可分為：「快活人生」（Pleasant Life），指充
滿正面情緒的生活；還有「美好人生」（Good Life），就是能
利用個人的獨特優勢在生命主要領域獲得滿足；他提到：「享受
工作帶來的心流（flow）體驗將會取代物質報酬，成為投身職場
的主要動力。」不過美好人生並不是最終目的，更重要的快樂是
意義，「人類自然渴望的是對意義的追尋……發掘自己的深層能
力，並投注於超越個人欲求的目標。」[33]

過去對創業家的研究，不論是從社會學的觀點，強調個人成
長經驗、社會環境與文化脈絡對創業家的影響；或者是從認知心
理學的路徑，強調個人擁有資源的機會決定創業成敗的說法，都
傾向於將創業家視為被動、被決定的個體，忽略了創業家本身具
有積極正向的發展潛能與實力。事實上，並沒有所謂天生的創業
奇才、也沒有造就成功創業家的特定公式、甚至對成功的定義與

---

[32] M. E. P. Seligman & M. Csikszentmihalyi, 2000, "Positive psychology: An introduction", *American Psychologist*, 55, 5-14.

[33] Daniel H. Pink, 2006: 247.

理解也是見仁見智。很多人以為，性格、能力、社會環境、文化脈絡等因素都是既定無法改變的限制，即便有如此限制，我們仍可以選擇如何回應、如何改變自己的思考與行為模式。「人生真正的悲哀不在於缺乏足夠的能力，而在於未能利用與生俱來的天賦。」[34] 每個人都是一個獨特的個體、具有特殊的天賦稟性，不應該消極被動的順著潮流走、盲目生活、放棄追求自己生命的目的與意義，如果能透過積極正向的態度與人互動，充分了解自己、認識自己的天賦，進而便能主動構思、發展、組合創造自己的理想人生。

創業，是尋找幸福的主動出擊

　　「由行動中可以得到最美好的事物是什麼？不論是販夫走卒或是文人雅士都認為是幸福。但是不同人所說的幸福是不同的。」──亞里斯多德，《倫理學》，第一冊，第四章[35]

---

[34] 馬克斯・巴金漢（Marcus Buckingham）、唐諾・克里夫頓（Donald O. Clifton, Ph. D），2002，《發現我的天才──打開34個天賦的禮物》（*Now, Discover Your Strengths*），頁16。

[35] 麥可・阿蓋爾（Michael Argyle），1997，《幸福心理學》（*The Psychology of Happiness*），頁3。

　　從正向心理學的觀點來看，人們投入創業是積極追求更美好、更幸福的自我實現，是一種渴望掌控自己命運的主動力量。根據《正向心理學期刊》（*The Journal of Postitive Psychology*）的研究報告顯示，薪水加倍，快樂並不會加倍，年薪達55,000美元，相較於年薪25,000美元的人，快樂程度只多了9％。[36] 可見金錢財富絕不是幸福快樂的根源，也不是創業的根本動力。

　　當一般人提到工作，立刻會聯想到壓力、緊張、焦慮、痛苦等負面形容詞，事實上，工作與快樂兩者之間不必然是矛盾衝突。根據《快樂科學期刊》（*The Journal of Happiness Science*）的研究報告顯示，南韓上班族每週工時從44小時降為40小時之後，整體工作和生活滿意度卻沒有因此而增加。另外，根據職場研究公司Randstad的調查，擁有較多假期的國家，人民不一定比較快樂。以義大利和美國為例，義大利人每年有20天的有給假期（例如休假、事假、病假等）以及11天的有給假日（特殊節日），但僅有57%的義大利人對工作滿意；相較之下，美國人沒有這些有給薪假或假日，但卻有73%的美國人對工作感到滿

---

[36] 吳凱琳，2013，〈別再幻想了！職場上「不會讓你更快樂」的5個迷思〉，《金融時報》2013/12/20。

透過餐飲的提供，創業家們學習如何共同生活也彼此交流。
圖為政大創立方在交流活動前共享晚餐的畫面。

意。[37] 由此可知，真正讓人痛苦的往往不是工作本身，而是身不由己的無力感、以及找不到生活重心與生命價值的空虛折磨。如美國前第一夫人愛蓮娜・羅斯福所言：「我們需要的不是更多的休假（vacation），而是更多的使命感（vocation）。」[38] 可見

---

[37] 同上。

[38] 史蒂芬・柯維（Stephen R. Covey），2013，《第3選擇：解決人生所有難題的關鍵思維》（*The 3rd Alternative: Solving Life's Most Difficult Problems*），頁515。

工作不應該是無趣、乏味、勞累、犧牲的象徵，相反的，工作應該是個人自我實現與獲得滿足的主要來源，如果無法從工作上獲得成就感與正面的意義，不管討論工作量的多寡、工作時間的長短也於事無補。

正向思考是肯定行為的意義與價值，也是相信自己有掌控人生選擇的自由與能力。一旦人們經歷太多負向的生活事件，導致認為自己無法控制事件的發生時就會產生不幸福。我們常因為未能看出自己站在岔路上，而不知道選擇其實存在，因此無法善加利用這些選擇。一旦你認為自己沒有其他出路，這想法就會自我實現，造成自己陷入別無選擇的困境，負面的想法造成自己負面的現實，因而棄絕改善人生的掌控能力。我們以為的命定、必然、非如此不可的絕境，往往來自於看不見其他出路的可能，但並非如此，選項一直都在，正面思考是堅持自己有所選擇的主動性。負向思考者傾向於否定自己對事件的影響力與主控性，一旦面對失敗，他們會將一切事情歸咎於外在環境而自怨自艾；即便獲得成功，他們也無法坦然享受成就而陷入自我懷疑的否定情緒中。如英國著名的筆象學家耶胡達‧席納（Yehuda Shinar）曾提到心理學的「外在控制觀」（external locus of control），將事情發生的原由歸因於外在因素的人，往往不容易成功。這種傾向於輸家思考的人經常會覺得人生受制於他人、其他組織或工作

的文化氛圍，無法完全由自己掌握。他在2006年就曾經接受蘇格蘭運動基金會（Scottish Institute of Sport Foundation）邀請，參與扭轉蘇格蘭人普遍對生活的負面觀感專案計畫，他提到：「負面或犬儒觀點不只是英國文化的一部分，也存在於世界各地。消極否定的思維或多或少影響每個人，即使我們有時未意識到這點。」[39] 他認為人們如能克服負面思考將會帶來更多的行動力、創造力，也會獲得更大的成功機會，他提出的「致勝行為法則」就是教導人們如何處理負面思維、維持專注，避免受無謂的事物干擾，即便遇到極大的壓力與挫折也能正面思考、主動迎戰。

確實，如果一個人有能力解決自己的內在衝突，並對自己的人格進行某種程度的整合，就能獲得比較多的滿足與幸福。[40] 而正向的情緒來自於具有明確的目標、有達成的希望，並且在行動中能獲得肯定與價值，根據美國相關心理研究發現，當一個人覺得他的生命有意義且有方向，並且對導引人生方向的價值觀有強烈信心時，會覺得自己比較幸福。[41] 因此，創業不應該被視為被動的逃離壓力、迴避問題，而是主動正面的接受現實、迎向挑戰。

---

[39] 耶胡達・席納（Yehuda Shinar），2010，《你可以不只這樣！——把壓力變成進步推力的12 項法則》（*Think Like a Winner*），頁17。

[40] Wilson, 1967. 引自Michael Argyle, 1997: 140.

[41] Michael Argyle, 1997: 148-149.

創業的力量——完成自己的生命藍圖

「生命意味著每一個人必須了解自己存在的藍圖（vital design）……生命的意義除了接納無可改變的環境，並將之轉變為自己的創造之外，別無其他。」

——奧特嘉・加塞特（Ortegay Gasset）[42]

這裡所謂的生命藍圖是超越了人類的智性與意志選擇，是來自於最深層的自我內在世界，也就是榮格所謂的人格原型。積極勇敢的面對現實、爭取突破並不是天真浪漫、不切實際的樂觀主義者，而是清楚自己的命運與侷限、了解自己內心渴求的動機，然後盡己所能的完成實現。「生命在本質上是一齣戲劇，與事物或自己本身的性格做掙扎，竭力地在自己生命的真實存有中向前邁進。」[43] 正因為如此，創業，是一種成就自己的努力，在創業過程中的每一個決定，都是讓自己成為自己想要成為的人。

創業的力量應該來自於正向的心理動力，是主動理解自己的人格特質、天賦潛能，並且將其發揮到極致。一個健全社會的創

---

[42] 羅洛・梅（Rollo May），2001，《自由與命運》（*Freedom and Destiny*），頁134。

[43] 同上，頁135。

為了迎接創意經濟的來臨，近幾年來許多創意空間紛紛成立，並不忘鼓舞創新精神。
圖為香港好單位（Good Lab）牆面上的標語：（好單位）是一個理想與行動合一的樞紐。

業之路應該是趨異而非趨同，我們應該要跳脫單一文化的思考框架，試圖找出更多元的生活方式與實踐之途。如榮格所言：「一個人穿了合腳的鞋，卻可能咬痛另一個人的腳；沒有一種生活方式能適合所有的人。每個人都有自己的生命計畫，那是絕對無法被取代的。」[44]

　　每一個以人為本、從心出發的創業故事都是獨一無二、無可

---

[44]　Dan Millman, 2012: 122.

複製的傳奇。英國Risk Capital Partners投資公司董事長強生（Luke Johnson）曾提到，過去不管有多少研究試圖找出成功企業家的特質，卻都無法歸納出一套公式：「企業家不可能被歸於一類，他們通常有著自然的直覺、務實而且會做出驚人之舉，他們的發跡之地會出乎人們的意料、他們的背景各有不同、他們的興趣千差萬別、他們的動機和方法也是各有千秋。……創業歷程的複雜性，以及我們對創業者的心理和分布缺乏理解，是有好處的。這意味著，存在某些空間：有時會出現讓那些認為創業有標準法則的專家們意料之外的傑出人物與情境。」[45] 創業沒有一定的公式、創業家也沒有特定的典範、成功更沒有單一的定義、理想也不該有追求的標準模式，雖然人格具有原型結構，但並不因此削減人格發展的多樣性與自主性。原型是我們理解自己生命藍圖的指引，就像我們在上一章所提到，由不同原型主導的創業家會各自因為不同的動機而努力。重視歸屬的人，會希望獲得肯定而感到滿足。美國杜克大學心理學與行為經濟學教授丹·艾瑞利（Dan Ariely）指出，「重點不在於你做什麼工作，而是得到肯定，即使再微不足道的工作，一旦得到周遭所有人的一致肯定，

---

[45] 《金融時報》2014/3/17。

都會讓你快樂加倍。」[46]南美洲傳奇企業領袖霍爾（Colin Hall）也曾如此說：「權力與金錢都不能帶來長久的快樂——無論是在個人、伙伴關係、情感關係或組織之中，只有在充分發揮綜效、整體成果遠大於個體的總和時，大家才能夠在工作中獲得真正的歸屬感及快樂。」[47]

相對而言，那些重視獨立、追求自我實現者，會希望能掌控選擇的自由，如著名的哈佛心理學家塔爾・班夏哈（Tal Ben-Shahar）就曾指出，「幸福快樂當中有40%取決於自己所做的選擇，我們選擇做什麼事、選擇怎麼想，都會直接影響心裡感受。……我們未能察覺時時刻刻可以做出的選擇，會使我們棄絕改善人生的掌控能力。」[48] 因此，他強調不論身處怎樣的環境，都要有意識地努力尋找自己本身及周遭的可能性。我們有選擇的自由、選擇對各種境況作出不同反應的自由，而這些選擇讓自己成為人生現實的共同創造者。

生命是由一連串的命定與突破往返交織而成，人生之中雖然有許多事情我們無法掌握，但至少我們仍握有相當程度的主控性

---

[46]　吳凱琳，〈別再幻想了！職場上「不會讓你更快樂」的5個迷思〉，《金融時報》2013/12/20。

[47]　Stephen R. Covey, 2013: 200.

[48]　Tal Ben-Shahar, 2013.

與詮釋權，每一個人都可以選擇自己的創業人生，完成各自的生命藍圖。如《紐約時報》專欄作家布魯克斯（David Brooks）所說：「我們可以很自覺地選擇詮釋這個世界的旁白。每一個人都必須為選擇及不斷修正自己人生的『大敘事』[49] 負起責任。然而，我們所選擇的人生故事又會幫助我們進一步詮釋自己身處的世界。『選擇自己的故事』威力非常大，幫助自己選擇看世界的鏡片，就是人類所擁有的最重要的力量。」[50]

　　因為創業是每一個人的自我實現的過程，所以會各有姿態、各自精彩；唯有跟隨自己內心的渴望、追求自我實現的努力，才能提供這些創業家堅持到底的勇氣與力量。一如羅伯特‧巴尼（Robert Byrne）所言：「生命的目的，就是活出有目的之生命。」[51] 每一個人天生都有不同的挑戰與禮物，自己可以選擇如何面對與應用；每一個人都需要找到自己今生的使命，擁有自己獨一無二的生命藍圖，可以了解主導自己內心的原型動機、尋找渴望的熱情、追求值得奉獻的生命目標與價值意義，那就是創業力量的泉源！

---

[49] 「大敘事」（master narrative）是指能清楚說明某一重要問題或現象的理論。
[50] Stephen R. Covey, 2013: 55.
[51] Dan Millman, 2012: 6.

附錄 建人與建物：繪出文創十大建設藍圖

原載《工商時報》2013/12/25

日前，金管會向行政院提出「金融挺創意產業專案計畫」，宣稱將在三年內把銀行對文創產業的融資金額，從目前的1,800億元倍增到3,600億元。

這是政府支持文創產業，加碼注入更多資源的表面政策，如果回顧過去的經驗，這件事其實頗令人憂心。官方向來偏愛以注入資金，作為解決問題的工具，把錢視為棒子與胡蘿蔔，任何大小案子，好像錢給了，責任也就盡了。這種用納稅人血汗錢來幫自己做業績的行為，往往給產業帶來更多的問題。

台灣的「文創」和「產業」一直是兩組彼此相當陌生的關鍵字。我們的文創業無法產業化，而我們的產業也無法文創化，搞到後來沒有文創、也沒有產業。這裡面，有市場和供需兩端的問題，也有資源整合的挑戰。

許多年過去了，發展文創產業始終是台灣產業轉型的重大議題，產官學各界一致把這件事視為台灣產業的關鍵工程，但是總跳不出「頭痛醫頭，腳痛醫腳」的解決方案，治標不治本，所以談到後來的共識，往往只有不斷的投資和補助。如果長期以來始終用同樣一套思維無法解決問題，是不是該試試別的解決方案？

啟動文創產業「十大建設」

1971年，中山高速公路開始動工，也揭開了十大建設的序幕，

之後的鐵路、機場、石化、鋼鐵基礎建設陸續完成。今天，我們幾乎無法想像，當年如果沒有這些建設，台灣是否會創造舉世矚目的經濟奇蹟。最近報章雜誌大大讚賞孫運璿院長之外，誰又能登高一呼，帶領大家作深思熟慮的反省？

發展文創產業，讓台灣成為文創強國，我們是不是也該想想台灣的「文創十大建設」該是那些？我們所處的時代，孫院長當時的差距，有誰想真正理解？KPI指數、害怕失敗被媒體追討的結果，是無數永遠沒有大到無可彌補的小錯誤，卻也無法造就如高速公路般的大建設。

談到台灣的文創基礎建設，各方專業人士也許會有不同意見。但是放眼目前和未來的需要，我們可以很清楚看到「人的建設」和「物的建設」這兩條大脈絡，在見仁見智的種種需要裡，台灣的文創產業最需要的無非是「建人」與「建物」。

人的建設方面，不只是生產者，經營者到消費者都需要成長升級。時代已經改變，在這個「自造者」時代，需求的創新（Demand Innovation），培養有美學素養的消費者，更是這裡面最重要的核心工作，因為在自由市場機制社會，需求決定供給，有優質的消費者才會有具競爭力的產業。這3,600億資金的挹注所生產出來千萬單件小品，到底要賣給誰？

物的建設方面，發展產業的必要基礎建設更是台灣須迎頭趕上的，當前的數位科技改變了文創市場的天候和地基，從電影的片廠到生產聚落都已經是全新的局面，這些建設除了翻新更要創造，這些都需要大量的產業和官方資源的投入。

　　就如同當年的十大建設並不只有十項，台灣的文創產業十大建設也一定會有更多樣化的需求，相信只要大家徹底反省，將可以發展出全新的局面。

第 五 章
以人為本的組織藍圖

在一個組織社會中，人不只是一個人，也是一個組織人，個人心理會深受組織特質、組織發展與目的、組織互動、組織文化等因素影響。身為組織成員，組織在個人邁向個體化的過程中產生重大的影響，可能是支持個人朝向更好更完整的個體化道路；也可以是阻礙個人個體化的發展，端視組織本身的發展模式與組織文化習慣。[1]

組織社會的誕生 —— 從生產到創意經濟

創業，不可能是單槍匹馬的奮鬥，必然需要結伴同行的導師貴人、盟友與助手。組織的形成與發展是創業旅程中最重要的歷練之一，如何從一個創業家蛻變成為一名睿智有遠見的企業家與團隊領導者是決定創業成敗的關鍵；任何一個組織的發展過程也可以視為創業英雄之旅的歷程，最終能否找到組織真正自我的價值與存在的意義，將是組織完成個體化歷程的重大考驗。

組織是人類文明創造、維持與延續的基本機制，在人類文明發展的漫長歷史裡，從最基本的家庭組織、宗教組織、社區組織到政治組織，都是維繫人類社群發展各種功能的關鍵。在工業革

---

[1]　Corlett, John G. and Pearson, Carol S., 2003, *Mapping the Organizational Psyche: A Jungian Theory of Organizational Dynamics and Change*, p. xiii.

命之後，企業組織更成為當代社會運作各種經濟、社會功能的重要機構，扮演推動整個世界經濟發展的主要動力。有效的企業組織可以促使組織成員之間有效的分工，並且能有效結合應用各種資源，創造出更大的經濟社會價值與效應。因此，從1970年代以來，企業組織的發展與變遷成為當代各項學科爭相研究的重點對象，包括管理學、社會學、心理學、經濟學等各種學科都分別從不同的觀點探討組織的種種議題，不過，至今組織研究尚未有成熟的理論共識。

儘管組織被視為當代社會行動的重要主體，卻未曾被視為具有自我意識、精神與心理結構變遷的有機體，忽略了組織和人一樣是活生生的存在，具有感知、思考與行動創造的能力，並且具有改變世界的可能與自由。組織並不是靜態固定的存在，而是隨著不同社會文化、不同目標與應用而持續改變、持續發展的有機體。人都是構成組織的重要單位，組織不只是具有經濟功能的生產單位，而是一群活生生人的集合，這些組織成員都具有類似的人格結構，並且遵循原型理論，根據不同的動機而行動，也各自具有不同的才能、偏好與目的。組織和人一樣，都是在獨特性與普遍性之間持續不斷地追求自我的完整與和諧。

在以創新為使命的時代，組織具有不同的社會功能與價值。在工業化社會，企業組織的目的是以集體生產為重心，透過資源

集中與統一分配，創造更大的生產價值與利潤。這時期的組織管理原則是以客觀的數據、產量績效等生產管理模式為主，以「擴大即利潤」的經濟思維，除了永無止境追求量的成長擴張之外，其他都不重要。但這種追求大量生產的組織模式到了後工業社會，卻成了阻礙組織創新變遷的沉重包袱。[2] 不僅如此，在工業化大量生產的組織思維中，不論組織內成員或者是組織彼此之間的互動往往是以競爭為主，也因此讓勞資關係更加緊張、勞動條件日益惡化；單一的組織發展目標也讓組織成長僵化、限制經濟創新與社會的多元。一味的追求數量導致品質的惡化，不管是產品、工作環境、組織發展、甚至是個人成長的品質都受到嚴重的傷害。

隨著後工業社會的來臨，經濟產出的成長不再仰賴過去傳統原物料生產，而是越來越依賴各種無形的資源，尤其是人類的知識與創意。「創意經濟」成為新時代的經濟發展驅力，也是目前

---

[2]　後工業社會一詞是1979年由美國社會學家丹尼爾‧貝爾（Daniel Bell, 1919-）在他的著作《「後工業社會」的來臨》（*The Coming of Post-industrial Society*）一書中提出，他區分不同社會的生產模式，前工業社會依靠原始的勞動力並從自然界提取初級資源。工業社會是圍繞生產和機器這個軸心，為了製造商品而組織起來的。而後工業社會是圍繞著知識組織起來的，其目的在於進行社會管理和指導革新與變革，然而這種變革又更一步產生新的社會關係和新的結構。

最具優勢的經濟形式。心理學家馬斯洛的需求理論揭示了人們在滿足基本的生存需求、生理需求之後，會渴望情感與精神上的需求，會追求歸屬感的社會需求、追求愛與關懷的自我需求，以及追求個人成長與知性探索的需求。科學家雅各・布洛諾維斯基（Jacob Bronowski）更將這段追求精神上自我實現的旅程描述為「人類的登高」。

　　這反應在經濟生產與消費模式的轉變，根據聯合國經濟合作暨開發組織（OECD）的報告指出，最近幾十年以來，消費需求已經從機能性及實用性的事物轉向更多追求福祉和個人成就的意識，1998年，有50％以上的消費支出為「時尚類」和「娛樂類」。以1990年代為例，創意經濟在OECD中國家的年成長率約為整體服務業成長率的兩倍，較之整個製造業更高達四倍。[3] 有鑑於此，在一個創意經濟的時代中，組織發展不再取決於生產數量與規模的擴大，而是關鍵人才的培養，是否能吸引創意人才的效力，是否能建立具有創意氛圍的組織文化，組織能否具有創新創意的動力，以及成員與組織本身的心理狀態是否能獲得妥善的發展與和諧，都是決定組織能否成功永續生存、長久發展的關鍵。

---

[3]　約翰・霍金斯（John Howkins），2003，《創意經濟：好點子變成好生意》（*The Creative Economy: How People Make Money from Ideas*），頁13, 15。

從機器觀到生命觀的轉變

「學習是生命體歷經世世代代物競天擇，存留在生命體中的本能，生命體不需勉強也無需刻意，就自然而然地從環境中蒐集學習的線索，並改變行為，來增加持續生存的機率。」[4]

企業存在的目的為何？一般財務分析師、股東、企業高階管理者會說，企業存在的主要目的，是為了追求投資利潤。經濟學家會說企業的存在，是為了提供產品和服務，以便改善人類生活，並且追求慾望的滿足。政府會說企業存在的目的是為公眾服務，是為了創造就業機會，並維持經濟穩定成長，滿足社會各階層利益相關者整體需求。然而，艾瑞德格（Arie de Geus）在《企業活水》（*The Living Company*）一書中提到，如果從組織自身存活發展的觀點來看，上述這些目的都不過是次要的。組織和所有生物一樣，一個具有生命力的公司，存在的目的就是為了自身的存活與改進，能夠發揮自身的潛能，盡可能使自己成長茁壯，不管是獲取利潤、提供產品與服務、創造就業機會，都只是為了讓自己存活的手段之一。在人類的漫長歷史中，作為商業組

---

[4]　葉匡時、俞慧芸，2004，《EMBA的第一門課》，頁199。

織的「企業」只是這五百年以來才出現的新角色，企業只是一種商業組織的形式，從這五百年來的企業興衰史顯示，這種商業組織的表現水準仍有待加強，艾瑞德格認為企業組織難以永續經營的主要原因是過度以經濟學思維與語言作為企業管理的原則基礎。簡單說，企業無法長久生存的主要原因，是經營者與管理階層完全以財貨或服務的生產為重心，忽略了組織只是一種商業環境中的人類共同生活體。

　　一旦將組織發展的歷史與格局拉大，即能看見組織的本質，破除傳統機械性的組織思維，艾瑞德格進而提出「學習型組織」（learning organization）概念，強調唯有將組織視為生命體才能成為學習的主體，也才能適應環境巨大的變動。如果只是將組織視為一個賺錢的機器或牟利的手段，不會思考、缺乏感覺的機器，當然無法自主學習、長久發展。不只如此，還會影響勞資之間的互動關係，員工被視為可任意更換取代的機器零件，當組織出現問題時，也會傾向於機械性的解決方式，以作業研究或管理科學來處理庫存問題、生產流程、產能規劃、資本預算等問題。如果將企業組織視為生命體時，就如同所有的生物一樣，是為自身的存活與改進而存在。其實仔細觀察大自然中存活長久且興盛繁衍的生命體，都具有相當的基因多元性，以及對加速學習演化的能力。將組織視為生命體也會影響組織管理互動關係，成員對

學會聆聽使用者需要是一個創業家最重要的第一課。
圖為設計思考工作坊針對使用者做訪談。

組織具有高度的凝聚力和認同感、彼此互信、平等分享、相互學習、不會過度競爭破壞和諧。[5]

探索組織的內心世界

艾瑞德格將組織視為生命體，具有自然繁殖發展的主動性，讓組織理論擺脫過去經濟至上、機械管理的框架。而組織心理學（organizational psychology）的研究發展則更進一步探索構成組織這個生命體的心理結構與行為動機等因素。[6] 組織心理學研究

---

[5]　同上，頁170-172。

[6]　組織心理學是心理學的分支領域，心理學起源於十九世紀末期的哲學與生理學，

課題和組織行為學十分相似，包括工作團隊、工作動機、培訓與
發展、權力與領導、人力資源規劃、工作場所保健等等議題，組
織心理學強調組織管理者必須充分考慮個人因素與環境因素，以
便全面理解人在組織中的行為，並幫助他們挖掘出成長的潛力。
簡單來說，組織心理學就是研究組織管理中人的心理現象及行為
規律的學科。它強調以人為中心，協調組織中的人際關係，改善
組織的環境和條件，調動人的積極性、主動性和創造性，從而實
現組織目標，達到個人和組織共同發展。

　　不過，心理學對於組織行為的理解實際上也是經歷了重大的
變革，丹尼爾・品克（Daniel H. Pink）在《動機，單純的力
量》一書中提到，威斯康辛大學心理學家哈利・哈洛（Harry F.
Harlow）在1949年就針對研究結果提出人類行為三種驅動力，
第一種是生物性驅動力，是指人類以及其他的動物，飲食止餓、
飲水解渴、交配以滿足性慾等驅動力。第二種驅動力來自外部，

之後又分為許多專業領域，包括臨床心理學、實驗心理學、軍事心理學、組織心
理學和社會心理學，等等。羅伯特・耶克斯（Robert Yerkes）是早期心理學研究
的權威，在一次世界大戰期間，為美國軍隊做過一些研究工作，這些研究對後來
人事遴選方式產生了重要的影響，被美國的大型企業如強生公司（Johnson &
Johnson）、華拉羅能源公司（Valero Energy）和查帕拉爾鋼鐵公司（Chaparral
Steel）廣泛應用。（Debra L. Nelson and James Campbell Quick, 2004,
Understanding Organizational Behavior, p. 6）

是指做出特定行為時環境會帶來的獎勵與懲罰。第三種驅動力就是完成任務取得的成績，也就是內在獎勵。[7] 之後，1969年卡內基梅隆大學心理學研究生愛德華・德西（Edward Deci）印證了哈洛的發現，揭示「把金錢當作某種行為的外部獎勵時，行為主體就失去了對這項活動的內在興趣。⋯⋯人類有發現新奇事物、進行挑戰、擴展並施展才能、以及探索和學習的內在傾向。」[8] 當人們用獎勵或處罰來提高其他人的積極性時，卻同時破壞了人們對某種行為的內在積極性，無意中增加了隱形成本。然而，這些研究發現當時並未落實在企業組織管理上，大部分的組織仍舊繼續實施短期激勵計畫與績效考核制度，特別是在工業革命之後，美國工程師泰勒（Frederick Winslow Taylor）發現所謂的「科學管理」（scientific management），這種科學方法將工人視為複雜機器上的零件。認為只要透過外在鼓勵與懲罰的方式，人們會理性的反應這些外部力量，以便讓整個體系獲得正常運作。這種強調以提高成績、提高生產力、鼓勵追求卓越為組織目標，獎勵好行為、懲罰壞行為的組織行為管理原則，成為工業化時代中許

---

[7]　Daniel H. Pink, 2011, *Drive: The Surprising Truth About What Motivates Us*, pp. 1-3.

[8]　Ibid., pp. 8-9.

多企業組織的管理模式。但隨著科技變遷、經濟生產方式轉變，心理學家也逐漸發現「以樂為本的內在動機，參與計畫時能感受到的創造力是最強大、最常見的動機。」[9] 在創意經濟下，人們的工作性質已經大不相同，千篇一律重複性的勞動工作可以外包或自動化，但涉及藝術、情感及其他內容的探索型工作則需要新的行為動機。外部的獎勵與懲罰對重複性的工作可能適用，但對依靠右腦探索型的工作則具有嚴重的破壞性，而這種工作恰恰是現代創意經濟所賴以維生的關鍵。組織心理學的研究從外在的鼓勵轉向內在的動機，體認到不管是組織還是人都不只是經濟個體，而是充滿各種慾望與思想、感覺與認知的複雜有機體，因此，要理解人與組織行為的動機和模式，必須從分析內在心理結構與動態過程著手。

　　心理學對於人類心理與人格特質的研究也有不同的看法，大致有四種主要的人格理論，分別是特質理論、心理動力學理論、人本主義理論及整合學說。[10] 首先是特質理論（trait theory），是早期人格研究的取向，以雷蒙德・卡特爾（Raymond Cattel）、戈登・奧爾波特（Gordon Allport）為代表，他們相信要

---

[9]　Ibid., p. 26.
[10]　Debra L. Nelson and James Campbell Quick, 2004: 79-80.

了解個體，必須將行為模式分解成一系列可以觀察的特質。不過，特質理論過於靜態、將人格視為完全穩定不變的特質屬性，難以掌握人格動態發展的過程。

其次，是以佛洛伊德理論為主的心理動力學理論（psycho-dynamic theory），強調無意識對個人行為的影響，佛洛伊德將人格視為三個元素之間的相互作用：本我、自我和超我。自我作用就是設法解決象徵本能驅動的本我及象徵價值與良知的超我之間的衝突。這角色具有協調性，也會導致個體使用各種自我防禦的機制，比如否定現實、壓抑等。

人本主義理論（humanistic theory）強調個體的成長與進步。以卡爾・羅傑斯（Carl Rogers）為代表，他相信每個人都有朝向自我實現的基本驅動力，非常關心個人，重視個人對世界的看法。人本主義觀點主要幫助我們理解人格理論中的自我，強調自我概念是個體人格中最重要的組成部分。

整合學說（integrative approach）將人格視為個體心理過程的組合，人格傾向包括情感、認知、態度、期待和幻想等等。而傾向僅是個體對環境做出反應的一致性趨勢，同時受到遺傳和環境的影響，所以人格是可以改變的，人的傾向和情境變項是預測行為的共同影響因素。

這四種人格理論都有助於我們理解組織成員的心理態度與人

格特質，成為掌握心理結構與人格特質的基礎，可惜的是並沒有提出一套有系統理論，針對組織本身的心理結構與動態過程進行更進一步的研究與闡述。科利特（John G. Corlett）與卡蘿·皮爾森認為，至今我們仍缺乏一套語言與認知架構以更深層的方式來思考組織心理的多元內涵，也缺乏共識建立一套理論來闡述一種尊重每個人靈魂的獨特性與個體完整性的多元組織運作的方式。他們認為分析心理學、原型心理學、榮格組織心理學理論可以提供這個理論發展的基礎，這些概念都連結獨特性與完整性，主張不論是個人或組織的心理健康都是深植於能與陰影友善共處、知道並且整合自我的黑暗面。了解個體與組織完整性的概念與理論架構，可以將組織帶往正確的方向。[11]

雖然榮格自己本身並沒有建立一套明確完整的組織心理學理論，但他很早就開始相當重視組織與個人心理研究的重要性。如同政治理論家普里休斯（Robert Presthus）所言，我們已經進入所謂的「組織社會」時代，各式各樣的組織幾乎影響了我們大部分的清醒時間。[12] 在一個組織社會中，人不只是一個人，也是一個組織人，個人心理會深受組織特質、組織發展與目的、組織互

---

[11]　John G. Corlett and Carol S. Pearson, 2003: 110.

[12]　John G. Corlett and Carol S. Pearson, 2003: xiii.

動、組織文化等因素影響。一方面，個人身為組織成員，在邁向
個體化的過程中組織對個人產生重大的影響，可能是支持個人朝
向更好更完整的個體化道路，也可以是阻礙個人個體化的發展，
端視組織本身的發展模式與組織文化習慣。[13]

　　至於，組織是否可被視為單一整體？具有獨立的心理與精神
領域？這點一直是組織心理學長久以來的爭議。對此，科利特與
卡蘿‧皮爾森指出，從經驗研究與集體潛意識的假設推論集體動
力是具有團體或組織的界限，因此組織可視為一個自主性整體，
具有存在、目的、與獨立於成員之外的利益，組織和人一樣具有
肉體的生理結構與精神氣質。科利特與卡蘿‧皮爾森將榮格的整
體性概念與心理結構分析應用在組織心理與行為變遷研究上，並
且進一步發展出榮格組織心理學理論。[14] 這套組織心理學理論主

---

[13] 邁爾斯－布里格斯性格分類指標（Myers-Briggs Type Indicator, MBTI）是性格分
類理論模型的一種，用來測量榮格提出個體差異的工具，其基本理論是根據榮格
於1921年所出版的書籍《心理類型》（*Psychological Types*），是人格理論在組
織中的一個廣泛應用與測量工具。最先的研究者是1940年代美國心理學家凱瑟琳
‧布里格斯（Katharine Cook Briggs）及其女兒伊莎貝爾‧邁爾斯（Isabel Briggs
Myers），她們經過長期觀察和研究完成，共同提出邁爾斯－布里格斯性格分類
指標。目前MBTI已成為全球著名的性格測試之一，在教育培訓、企業員工招聘
及領袖訓練和個人發展等領域均有廣泛的應用。（Debra L. Nelson and James
Campbell Quick, 2004: 85）

[14] 科利特與卡蘿‧皮爾森提出榮格組織心理動力與變遷理論，主要目的是分析組織
文化心理動力學基礎（psychodynamic underpinnings），以系統化與整體性的方

要概念來自於榮格個人心理學理論，主張組織和個人一樣具有意
識、潛意識、集體潛意識、原型、本能等心理結構，一樣具有情
結、壓抑、否定、投射、完整性發展等心理過程。不過，組織心
理是相對開放的系統，具有幾項特質：外在環境（包括集體潛意
識）、半滲透性的界限（Semi-permeable boundary）、在組織心
理與環境之間的互動性關係、半自主性部分（意識與潛意識面
向、各具有多種要素）、在各部分之間具有動態關係（意識與潛
意識要素和力量之間自然互動）、以及各種自我創造（self-
creation）、自我調節（self-regulation）、自我更新（ self-
renewal）的能力。[15]

式來探討組織心理（organizational psyche），包括組織心理動態過程、組織意識
與無意識。榮格強調心理（Psyche）這個詞，用以描述一個人心理存在的整體，
不同於傳統心理學著重在人類理性思考行為反應的心理過程。對於榮格來說，心
理的問題是整體性，各部分都相連相依、難分難解，無法拆解為單項、區分局部
問題來探討。（John G. Corlett and Carol S. Pearson, 2003: xi）

[15] 榮格的分析心理學和其他心理學不同之處主要有二：首先，榮格心理學理論強調
心理整體系統的運作。根據榮格理論，心理是所有心理功能的整體，包括意識與
潛意識，包括結構（自我，包括心理類型、人格、原型自我、陰影、阿尼瑪／阿
尼姆斯〔anima/animus〕）與過程（情結、壓抑、否定、投射、朝向心理完整性
〔psychocal wholeness〕發展的可能）。就榮格的觀點，原型自我是自始至終持
續參與所有的心理過程。其次，榮格心理學提出不同於其他心理學的重要概念是
「集體無意識」，是指所有人類共享真實的無意識領域，是具有集體性、客觀
性、並且是無法意識到，是人類大腦繼承下來的心理結構。集體無意識包括普遍
認知的意義模式，這些模式稱為原型，是生活中許多典型的情境，是銘刻在我們
心理組織中一種沒有內容的形式，對人類而言是一種心理上的DNA。（John G.

　　這套理論概念整合組織心理學其他六個相關研究領域，分別是：組織發展、社會文化動力學理論、心理分析組織理論、折衷心理動力組織理論（eclectic psychodynamic organization Theory）、組織轉變理論、跨人際心理學。首先，榮格組織理論和社會文化動力學理論、組織發展、組織轉變理論一樣，相信意義的問題——為什麼組織成員願意投入自己的創造力與精力於組織——主要是建立在組織文化核心中的集體價值。其次，榮格組織心理學理論和心理分析組織理論與折衷心理動力組織理論一樣，相信意義是與組織無意識動態息息相關，意義是將組織中成員凝聚在一起以及讓員工能全力投入工作的無形未知的心理動力。最後，榮格組織心理學理論和跨人際心理學一樣，相信這些無意識動力是體現在原型中的靈魂能量。簡單來說，榮格組織心理學重視組織意義與存在價值對組織成員與組織本身發展具有關鍵的影響；而組織意義是來自於組織無意識領域，是一種未知無形的心理力量，並且以原型的形式存在於組織心理結構之中。

　　意識與潛意識之間的辯證關係是榮格組織心理學理論理解組織動力的關鍵。在組織意識部分主要集中在「什麼（what）」生

Corlett and Carol S. Pearson, 2003: xi-xii, 7）

意、「為什麼（why）做」以及「為什麼（why）用這種方式」。組織意識領域是體現在組織中每一個人與結構上，呈現方式與組織結構息息相關，如果組織權力集中，那意識主要會體現在領導者上；相對地，如果組織結構越民主，那組織意識就會體現在更多組織成員行為表現上。組織意識是指組織能清楚知道做些什麼、目的與行動，通常組織追求的意識目標是更有生產力與效率的信念。一般組織意識領域的組織原型能量主要為四個面向：達成目標、穩定過程與系統、照顧人民、學習如何適應與改變。組織意識的核心是「學習型組織」自我學習成長的概念。[16]

另外，組織意識也表現在組織的公眾面（Public Face），這類似榮格稱為個人面具（persona）的概念，是指「在個體與環境之間的關係複合體系，一種原型面具（archetypal mask），一方面，幫助個人表現出外在形象，另一方面，掩蓋個人真正的內

---

[16] 組織的意識領域可表現在性別感受（Masculine/Feminine feel），目前大部分組織仍是由男性氣質主導，凸顯的是性別不平等；或者表現在類型學（Typology）上：根據榮格人格理論，自我體系可以分為兩個認知功能（感官與直覺〔sensation and intuition〕）、兩個邏輯功能（思考與感覺〔thinking and feeling〕），以及兩種態度（內傾與外傾）。伊莎貝爾‧邁爾斯又另外提出兩種態度（判斷與知覺〔Judging and perceiving〕），這四種心理功能與四種態度形成一種知識上的羅盤（intellectual compass）可以協助組織意識中心朝向內外現實世界。（John G. Corlett and Carol S. Pearson, 2003: 29, 31）

在」。[17] 「品牌」（branding）就是組織公眾面的最好例子，一個健康良好的公眾面是有益的，可以讓組織運作更加完善和諧。最好的情況是，可以充分意識到自己的陰暗面，將其影響減至最低，不至於顯現在外；並且能了解組織原型的力量，可以形塑出一個符合原型需求的公眾面。根據經驗顯示，最成功、最有用的公眾面永遠是能反應、表現出組織中的某些真實原型。例如嬌生公司（Johnson & Johnson）就是一個好例子，其品牌形象就是反應出照顧者原型。[18]

至於組織潛意識，這部分是提供組織發展的真正泉源，從人們內在動機賦予動力，其範圍從自利、追求物質報酬到超越自我等更大動力目標，包括榮耀父母、吸引愛人、取得尊重等等。組織潛意識領域有三部分：集體潛意識（又包括本能與原型）、組織潛意識與組織原型。原型與集體潛意識是構成心理的整體，是

---

[17] 1916年，榮格在分析心理學會發表的演說中首次提到「人格面具」的概念，他說人格面具是由自我所認同之集體中的片段所建構出來的，它能夠增進個人對周遭社會的適應。人格面具其實是「集體心靈的片段」，如果沒有意識到這是面具的話，其存在可能會成為個體化隱微的敵人：「人類有種模仿的心理能力，雖然它對集體的目的有最大的效用，但對個體化而言，卻最具破壞性。」（莫瑞・史丹〔Murray Stein〕，2012，《英雄之旅：個體化原則概論》〔*The Principle of Individuation: Toward the Development of Human Consciousness*〕，頁37）

[18] John G. Corlett and Carol S. Pearson, 2003: 34.

一個組織文化更深層的基礎，支持組織心理動力與持續互動，潛意識就像一座內置於抗震建築中最深層結構的巨輪。[19]

　　組織潛意識包括三個主要基本要素：首先，組織陰影，是指組織集體壓抑的各種面向，包括不適合組織規範、程序與價值的各種態度、偏好、行為。組織的黑暗面是不曾顯露在外、沒有被整合的面向，陰影包含正面與負面的潛能。其次，組織對成員以及成員對組織投射的聚合與連結（the aggregate or nexus of projections），每一個組織成員和組織都具有無意識連帶，榮格稱之為參與神祕（participation mystique）[20]，通常組織會吸引類似原型角色的個人，類如英雄原型的組織，如果也是具有戰士特質的個人在組織中就會適應良好、如魚得水。第三個要素是組織情結（organizational complexes）。這些組織潛意識成為組織行動的主要能量來源。[21]

　　根據榮格組織心理學理論可知，在一個健全的組織中，組織

---

[19]　John G. Corlett and Carol S. Pearson, 2003: 15.

[20]　「神祕參與」是沿用法國社會學家呂西安・列維－布魯爾（Lucien Levy-Bruhl）的用法，透過這種人類認同模式的建立，集體心靈態度找到了自己的發聲。但這種集體認同的態度並不是個體化的目標，它只是為個體化歷程拉開序幕而已。（Murray Stein, 2012: 39）

[21]　John G. Corlett and Carol S. Pearson, 2003: 15-17.

成員可以認知組織的意識與無意識部分，可以在兩端中自在流動取得和諧。如果心理動態發展過程中產生了「失和」（dismembering）的問題，會導致組織陷入錯誤、缺乏效率、犯罪、耗費時間、缺乏創意、虐待組織成員等組織問題。

　　透過榮格組織心理學理論我們可以理解不同組織之間的相似與差異，也能更清楚組織發展過程的挑戰與轉變。透過心理結構的分析，我們可以看到影響不同組織成敗優劣的關鍵，不會再用統一的數據標準來衡量組織的好壞，也不會盲目的追隨模仿其他成功組織的模式，而是了解當代組織真正的挑戰在於創造與管理一個包容差異、多元的工作環境。「差異性沒有好壞、優劣的標準判斷，差異性需要被理解、被讚美、被賞識。」[22] 組織的目標是具有深層多元性（deep diversity），是創造一個讓組織成員都能充分表現而不需要喪失自己獨特性的工作環境。一個健全的組織是讓成員與組織本身都能了解自己靈魂的獨特性，並且能在追求個體化的過程中，慢慢培育促成每一人與組織潛意識中深層的獨特性種子成長茁壯。

---

[22]　Debra L. Nelson and James Campbell Quick, 2004: 85.

組織的英雄之旅

　　我們知道組織和人一樣都不是固定不變的靜態存在，而是隨著不同環境脈絡、社會文化而持續適應、改變、發展的有機體。然而，不論組織的構成多麼複雜與多樣化，仍舊擁有特定的發展模式與生命週期；如同每個人生命的歷程一樣，即便每個生命各有不同的精彩歷程與豐富內容，但面對生命自然興衰的步伐，必然要經歷生、老、病、死的週期。對此，很多組織研究專家提出各種理論描述組織成長生命週期的轉變，如夏倫特拉・維克納（1997）將創業過程分為自發性創立、尋求成長、設立願景與制度性成長等四階段，各個階段都有不同的任務目標與危機挑戰。另外，拉瑞・葛雷納（1972）提出著名的「組織成長階段理論」，他將企業成長分為五個不同階段，組織成長的五階段分別是創造、指揮、授權、協調、與合作等發展模式，然而又因此帶來不同的危機，這五個階段所面對的問題分別是領導的危機、自主性危機、控制的危機、繁文縟節的危機、以及其他未知的危機，每一階段組織發展都必須克服危機才能順利進入下一個階段。

　　另外，麥霍德・巴亥等人（1996）之研究則從業務面的角度指出企業成長的三個層次，分別是：一、延續及鞏固核心業務，

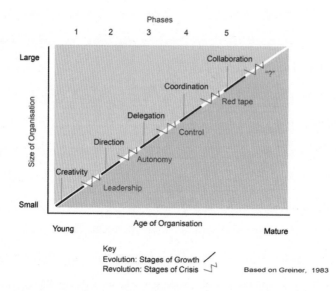

Based on Greiner, 1983

本圖為創新事業所會經歷的危機示意圖。
本圖表引用劍橋大學創業管理學院開放簡報網站。

如何把既有的業務做得更好更有效；二、建立新業務，可能已經
獲利，也可能尚未產生利潤；三、夢想的階段或實驗的階段，天
馬行空想像可能的機會和空間。[23] 這種企業成長層次的概念比較
類似安索夫所提出以新產品或既有產品，以及新市場或既有市場
等兩個構面，來分析企業成長的可能方向有：市場滲透（以既有
產品對既有顧客加強行銷，以增加既有顧客對既有產品的使用頻

---

[23]　葉匡時、俞慧芸，2004: 246。

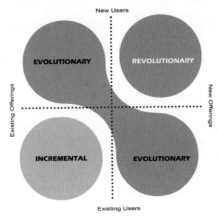

From IDEO Human Centered Design Toolkit

許多創新事業有許多不同的服務向度，有的是革命性的創新服務，針對全新的客群
與全新的服務，而有的是改善原有的服務與族群的需要。
本表取自開放資料網站「IDEO以人為本的設計工具」。

率或使用場所）、產品發展（發展新產品服務既有顧客）、市場

發展（以既有產品服務新顧客）和多角化（發展新產品服務新顧

客）。[24]

　　另外，IDEO也針對市場開發模式提出「以人為本的設計思

維」計畫解決方案，主要有三種不同的發展模式，一是針對既有

使用者與現有產品的發展，亦即累積性發展；二是讓既有使用者

---

[24] 葉匡時、俞慧芸，2004: 251。

採用新產品或者是將現有產品推廣到新的消費者，稱為演進發展；然而，只有開發新產品、開拓新的使用市場才稱得上是革命性的發展。

這些看似多元迥異的組織成長階段理論，事實上是具有相同的類似發展原則與動態過程，不論是拉瑞・葛雷納所提出的組織成長五階段理論，或者麥霍德・巴亥企業成長的三個層次，還是IDEO的「以人為本的設計思維」解決方案，都能以科利特與卡蘿・皮爾森的榮格組織心理學理論來理解動態發展的歷程。榮格組織心理學理論提到，組織意識與潛意識的互動會隨著組織發展的生命週期而有所差異。在組織發展早期，組織發展的目標主要為適應環境，建立生存利基。這階段組織特質為「集體愉悅」（collective-pleasing），較不重視組織的內在需求，這時候組織潛意識與集體潛意識所扮演的分量相對輕微。這一階段往往由單一原型力量主導，容易導致組織文化發展陷入失衡。

其次，當組織進入組織轉型與危機時期，組織發現長期忽略內在組織需求，員工失去創造力與適應性；產品與服務無法符合消費者的需求，過去運作的方式不再管用，組織心理會開始困惑、無法專注，此時組織潛意識的自主性聲音開始出現，集體潛意識開始召喚組織往內觀看。第三階段是進入組織心理成熟期，開始朝向組織原型充分獨特的發展。心理主要能量在意識與集體

潛意識之間流動，由組織原型協調控制。[25]

　　簡單來說，組織發展歷程和個人人格發展歷程相似，基本上
都是英雄之旅的故事結構，從自我（ego）出發、到靈魂（soul）
、到返還（self）三階段自我實現歷程。以IDEO提倡「以人為本
的設計過程」為例，其中有三個主要階段，分別是傾聽、創造、
傳遞（Hear, Create, Deliver, H-C-D），傾聽（Hear），是從研
究對象上收集相關的故事與靈感，為田野研究進行準備安排。創
造（Create），是將所聽到的故事材料轉譯成為研究框架、機
會、解答與原型：把具體的材料轉成抽象的思考，分辨重點與機
會，提出解答想法與原型建構。傳遞（Deliver），藉由快速帶來
收益與成本模式化、能力評估與實行計畫來貫徹解決方案，此階
段是具體改變的行動。簡單來說，就是從現實世界中的具體觀察
出發，經過思考抽象化，再將抽離出來的創意、想法、概念，以
實際行動改變現有世界的整體過程。

　　這套設計思考結構和英雄之旅的故事結構不謀而合，主角都
是從平凡世界出發到新世界進行探索，最終取得仙丹返回，帶著
所經歷的一切成長與磨練回來改變原有的平凡世界。如艾略特

---

[25]　John G. Corlett and Carol S. Pearson, 2003: 43-44.

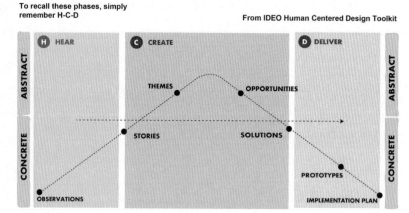

To recall these phases, simply remember H-C-D

From IDEO Human Centered Design Toolkit

以人為本的創新過程,從實體世界觀察到抽象思維,到最後落實在實體世界中。
本表取自開放資料網站「IDEO以人為本的設計工具」。

(T. S. Elliot)所言:「我們不會停止探索,而我們的一切探索,終究會回到最初的起點,如初來乍到般重新認識這個地方。」[26] 組織成長過程就是由一連串追求自我實現的英雄冒險故事所組成,成長都是來自於自我價值的肯定與觀點的創新和轉變,每一次的探索都能為組織帶來新的能力與創新發現。這正是邁向榮格所謂的個體化(individuation)過程,「心靈發展的目標是自己(self),並沒有線性的演進,有的只是一種對自己的繞行。單一形式的發展頂多也只存在開始時期;之後,每件事都指

---

[26] 吉姆・柯林斯與波里・波拉斯(Jim Collins and Jerry Porras),2007,《基業長青》(*Build to Last*),頁314。

向核心。」[27] 組織發展的每一階段都是要開展組織人格潛在個體
性，讓組織潛力可以獲得最大的發揮與表達。個體化是一種動力
（dynamic force），一種與生俱來的傾向，一種驅力、衝動，為
了讓存活的個體完全體現自己，在經驗世界的時空當中變成真實
的自己，覺知自己是誰、是什麼。[28] 組織追求個體化的過程是將
來自內心深處無意識的能量轉變成為意識化的歷程，是永恆持續
的創作循環，沒有停止之日也沒有完成之時。

追求自我實現的組織目標

「獲利是生存的必要條件和達到更重要目標的手段，但是對
許多高瞻遠矚的公司而言，利潤本身並非最終目標。利潤之於企
業，就像氧氣、食物、水和血液之於人體一樣，雖然不代表生命
的意義，但如果沒有了它們，生命根本無法存在。」[29]

---

[27] Murray Stein, 2012: 11.
[28] 基本上，它尋求超脫自我意識所建立的個人特質、習慣，及其受文化綑綁的態
度，進入一個具有更寬廣視野的自我理解與完整性，而且會經常接觸到被稱之為
世界靈魂（anima mundi）之物，產生了意識的擴充，超越個人而進入原型或非個
人境界，榮格稱之為違反自然的創作（opus contra naturam）。（Murray Stein,
2012: 22-24）
[29] Jim Collins and Jerry Porras, 2007: 101.

　　從榮格組織心理學理論可知，任何的組織都和個人一樣，需要追求自我實現的理想，並且能平衡來自心理內在各種動力與渴望、光明與陰暗面的力量。「大多數人都以為生活是由物質堆砌而成的，其實真正的生活唯有靠放棄虛幻的權力慾望，對生命負責，才能達成。」[30] 企業也是如此，即便作為經濟組織也需要超越經濟之上的生存目的與核心價值，如果將企業視為追求最大利益的經濟單位便是犯了唯經濟論的謬誤。二十世紀最重要的組織管理巨著之一《基業長青》，作者柯林斯與波拉斯就透過龐大的實證資料研究調查結果揭示，獲利並不是企業持續發展的動力，讓企業永續經營的原則是核心價值，尋找能超越創始理念、更深刻而持久的存在目的，是所有優秀的企業持續發展生存的關鍵動力。他們也打破以往將企業成功繫於偉大企業家或領導者一人成就的迷思，事實上，所有高瞻遠矚的公司都明白成功乃來自深植於組織內部的基本流程和動力，並且能打破過去非黑即白的二分思維，兼顧崇高的理想與務實的利益，雖然賺錢不是唯一目的，但這些公司通常都能非常獲利。追求獲利與堅持核心價值原本就不應該是零和的關係，對於企業而言，利潤當然重要，但無論如

---

[30] 卡蘿·皮爾森（Carol S. Pearson），2009，《影響你生命的12原型：認識自己與重建生活的新法則》（*Awakening the Heroes Within*），頁5。

何，利潤都只能是追求核心理念的手段，絕不能成為目的本身。

　　柯林斯與波拉斯主張在千變萬化、難以預測的世界中，人們無法預知前途以及未來的人生樣貌，因此高瞻遠矚公司的創辦人往往能理解到與其猜測未來，不如先了解自己，要先尋找到超越創始理念、更深刻而持久的組織存在目的，那就是企業組織的核心價值與意義。核心價值是組織恆久不變的根本信念，不會因為財務收益或暫時的權宜之計而輕易妥協。如IBM前執行長華生（Thomas Watson）曾在1963年《企業及其信念》（*A Business and Its Beliefs*）中提到核心價值所扮演的角色：「我堅定地相信任何組織如果要生存並成功，都必須找到一套完善的信念，作為所有決策和行動的前提。」[31] 但他們也強調核心價值並不是來自於外在環境或模仿其他公司，不需要理性的辯護或者外界的認同，不會隨著時代潮流、不同的文化脈絡而改變，也不會受到市場環境的變遷而動搖。「根據研究發現，並沒有任何特定理念是造就高瞻遠矚公司的重要關鍵。重要的是是否真心相信核心理念，能否始終如一、言行一致貫徹理念，反而比核心理念的內容更加重要。」[32] 因此，核心價值並沒有所謂的標準答案或公式可

---

[31]　Jim Collins and Jerry Porras, 2007: 125.

[32]　Jim Collins and Jerry Porras, 2007: 118.

張介冠先生，台北日星鑄字行經營者，為台灣唯一活版印刷行。他十七歲進入印刷界，十九歲即與父親經營鑄字行，至今仍為保存漢字文化努力。他説：「將內心所真正感受到的，融入生命發揮價值。」正是一種崇高的創業精神。

尋，而是必須從組織內在的要素著手，核心理念不是透過創造或設定產生，而是向內看而「發現」。

　　依照榮格組織理論的觀點，核心價值是來自於組織自我追尋的發現，不是為了符合所謂的集體認同或者公眾面，而是來自於組織心理結構中最深層的動機渴望，而所謂的利潤只是達成渴望的手段之一。如惠普公司前執行長大衛・普克（David Pac-kard）提到：「看到很多人除了賺錢之外，對什麼都不感興趣，但他們的內在驅動力其實來自於渴望做事，做一些有價值的事情。……利潤不是經營企業的適當目標，而是得以達成所有適當

目標的手段。」[33] 核心理念必須是真實的，組織成員必須發自內心熱情擁抱核心價值與目的。企業追求核心價值的功能是指引組織發展方向並且能啟迪、鼓舞人心；組織存在的目的應該是寬廣、根本而持久，具有永恆不變、永遠未完成的本質。

不只企業如此，所有的社會與政府組織皆是如此，例如以色列歷史學家塔克曼（Barbara Tuchman）在《從史著論史學》（*Practicing History*）曾提到：「*以色列有一個得天獨厚的優勢：目的感。以色列人或許並不富裕……也不能擁有平靜的生活，但他們卻擁有一股通常會被財富壓抑的精神力量：原動力。*」「*每個以色列人都知道，我們有一個恆久不變的目標：要為猶太人提供一個可以安身立命的地方。*」[34] 核心理念應該是任何組織發展的指引與方向，除此之外，組織還必須具有不斷進步成長的動力與能量，以面對外在世界不斷變動的挑戰。追求進步的力量也是來自於人類內心深處的強烈衝動，是一股渴望探索、創造、發現、成就、改變和改善的驅動力。「保存核心價值」、「刺激進步策略」是自我認同與自我更新的原則，也是組織能維持長久不衰的主要關鍵。

---

[33] Jim Collins and Jerry Porras, 2007: 103.

[34] Jim Collins and Jerry Porras, 2007: 28.

柯林斯在另外一本巨著《從A到A+》中,更具體說明他的研究目的就是在企業組織運作「巨變中尋找不變的通則」,他深信,不論周遭的世界如何改變,世上仍然有恆常不變的根本價值與通則。[35] 他認為由核心價值主導的組織將不會沉迷於財務報表的數字遊戲,也不會執著於股價的高低起伏,才能投注更多心力追求有價值的創意策略與生存之道。威廉・泰勒(William C. Taylor)和波利・拉巴爾(Polly LaBarre)也提出類似的想法,他們在《發明未來的企業》一書中提到預測未來的最好方式就是發明未來,最具先瞻性的企業不是忙於預測未來的趨勢,而是主動積極的創造未來,「最有力的構想就是推出一套革新方案,把企業轉化成一種理想。」[36] 書中更以西南航空為例分析如何創造「以策略作為理想」的力量,指出西南航空成功的主要原因是傑出的價值系統,他們能夠重新去想像航空公司的意義,並不是將自己定位成普通的航空公司,而是創造自由的業務,他們的目的是解放天空——讓一般人能夠和有錢人一樣,自由自在地搭乘飛機。「企業策略會改變,市場定位會改變,但目的不會變。在西

---

[35] 吉姆・柯林斯(Jim Collins),2002,《從A到A+》(*Good to Great*),頁17。
[36] 威廉・泰勒和波利・拉巴爾(William C. Taylor and Polly LaBarre),2008,《發明未來的企業:預測未來最好的方法就是發明未來》(*Mavericks at Work: Why the Most Original Minds in Business Win*),頁22。

南航空，每個人都是自由鬥士。」[37] 在企業的核心價值與市場策略之間、在不變原則與多變的脈絡之間，凸顯了具有普世性的心理原型結構與具有獨特差異性的個體化發展過程。核心價值不但是企業組織發展的中心靈魂，也成為組織創新與進步的泉源，意義與價值的尋找已經成為創造經濟與創新思維的有效方式，建立組織的獨特性成為良性競爭的最好途徑。

用意義與價值打造品牌與創新

「以人為本的企業思考，不會將企業視為在競爭環境中獨善其身的單一個體，而是一群擁有共同理念的合作夥伴，這些伙伴必須和企業組織一樣擁有共同的品牌使命、願景與價值，如此才能讓團隊和諧攜手達成目標。」

　　　　　　　　——行銷學大師菲利浦・科特勒（Philip Kotler）

行銷學大師科特勒在2011年出版的《行銷3.0：與消費者心靈共鳴》一書中提到「行銷中的人本主義」，強調過去六十年來，行銷概念已經從產品導向（行銷1.0）轉換成消費者導向

---

[37] 同上，頁24。

義大利威尼斯H Farm 育成中心入口處。
門前的標語寫著：「珍惜並尊重人與其所有的核心特質是我們的根本價值。提供與自然和諧共生和符合人性的創新是我們一貫的脈絡。速度、水平思考與扁平化是我們的處事態度」。

（行銷2.0）；隨著新科技的誕生、資訊社會的來臨，因應環境的巨大變遷，行銷概念再度演化，企業的關注焦點從產品、消費者擴展到與人類生存有關的議題。在行銷3.0時代，企業將從消費者導向（consumer-centricity）轉變成人性導向（human-centricity），更重視企業社會責任而非一味追求獲利的極致。科特勒所提出行銷3.0的模式著重在人性價值，強調人是具有思想、理念、懂得追求文化意蘊、心靈美感的全人。企業應該結合自身的使命與願景，提出一個能與消費者的心靈產生共鳴的價值。以人為主的行銷策略是以價值導向為基礎的競爭模式，不但需要符合消費者的物質需求，也要在精神層面能引起消費者的共

鳴。科特勒更進一步提出企業與消費者產生共鳴的三個基礎：參與式的協同行銷、文化內涵的傳遞、以及創意性思考。

　　「參與式的協同行銷」是指透過各種社群與開放式創新平台，讓企業有更多元的管道直接與消費者進行溝通，甚至讓消費者參與設計。[38] 其次，「企業的文化內涵」是指企業的品牌必須能傳遞文化價值，企業應深入了解與所處事業相關的文化或社區議題，結合產品的行銷，傳達給客戶更多元的價值。例如：日系的速食連鎖店──摩斯漢堡，是第一個推廣生產履歷的速食業者。摩斯漢堡大量使用在地食材，強調其青菜、蛋、米等材料都有產地履歷證明，符合健康（新鮮、無農藥）、環保（低碳食物）的概念，也照顧了在地農民的營生。最後，是創意，科特勒將馬斯洛的需求理論反轉過來，將「追求自我的實現」視為最重要的需求。因此，企業必須「創意」思考如何透過品牌的重新定位，滿足顧客精神層面的需求。也就是說，產品除了具備實用功能，也可以是某種生活態度的實踐，某種精神的認同與完成。科特勒強調商業行為的本質並不是利潤而是價值的交換，讓我們重

38　例如寶鹼（P&G）就利用多元的開放式創新網路平台，與全球的腦力進行合作開發。這些專業的論壇就是產品使用者發聲、交流的園地，也是企業收集民意的重要介面。

新思索在經濟社會中價值的真正意涵。

　　不只是行銷思維的**轉變**，最近許多以人為本的創新或設計思維，也逐漸成為企管領域的焦點話題，如IDEO執行長布朗所寫的《設計思考改造世界》，他提出設計思考基本上就是一種發想（inspiration）、構思（ideation）與執行（implementation）三大探索的過程。不同於過去產品的設計思考以功能為主，未來創意產品的設計思考是以人為本，是強調差異的藝術之美，是著重於感性訴求的故事性。雖然「科技」是「設計之本」，但是「人性」是「設計之始」；「科技」必須源自於「人性」，才能營造和諧的人造世界。因此，設計思考的發想本質是「生活化」，其構思過程是「專業化」，其執行成果則是「普遍化」。而設計思考的成功，必須經由可行性（feasibility）、存續性（viability）與可慾性（desirability）三大準則的考驗，一個成功的設計思考家，必須讓這三大準則達到和諧平衡的狀態。而洞見（insight）、觀察（observation）與同理心（empathy）是設計思考成功的三要素，在設計思考的過程中，扮演極重要的角色。布朗強調設計思考不只是以人為中心，還必須深入到人的內在和本質，過去只強調理性、客觀、數據的時代已遠，從榮格的人格理論中可知更多的創新能量來自於我們未知的心靈之海，是直覺性、認知性、情感性的非理性力量，是人類意識與潛意識的共同合作努力

的成就。

　　從一個以人為本的組織觀點來看，不管是組織管理、人才培養、行銷策略或品牌建立，其核心關鍵都是在於組織價值與意義，如1992年負責星巴克股票上市案的投資銀行家唐恩‧拉維唐（Dan Levitan）提到：「許多人把品牌視為行銷或包裝，好像『包裝紙』一樣，但對我們而言，品牌的基礎是心理契約——企業和員工之間，以及員工和客戶之間的契約。偉大的消費性企業建立在真正的熱情上，加上日常作業在執行上的自我期許。除非員工對公司所銷售的商品和其所代表的價值有正面的感受，否則他們就不會有熱情，更無法維持作業紀律。」[39] 榮格的組織心理學理論讓我們了解，組織和人一樣，具有意識與潛意識的心理結構，也受到各種原型等心理動力所主導，了解組織的心理結構與動態過程讓我們更清楚組織發展的生命歷程，知道組織創新的動力來源；了解人格中的原型結構是有效傳達溝通的關鍵。意義，不但是品牌，也是組織最珍貴也最無可取代的資產。找出組織的核心價值是組織發展的關鍵方向，是在瞬息萬變的複雜世界中唯一閃亮的指引。

---

[39]　William C. Taylor and Polly LaBarre, 2008: 151.

第 六 章
合作創新

我認為大部分的人並不了解組織，組織成為禁錮人類靈魂的監獄。世界會改變，但人性不會，而我書寫的就是人與人之間的關係。

——查爾斯‧韓第（Charles Handy）[1]

　　這是英國著名的管理哲學大師查爾斯‧韓第在1976年出版第一本關於組織的書《組織的概念》時所提到的看法，他一直以來都主張必須從人的觀點來看待組織的形成與意義。因為組織會隨著技術的進步而不斷改變，人們會使用不同的方式來安排工作與生活，而人性卻是永恆不變的共同存在。他能敏銳地觀察時代的變遷，並且提出深刻具啟發性的見解，在他1989年出版《非理性的時代》一書中提到當代所面對的斷裂，現代與過去的生產方式和組織型態產生了重大的變革，這種改變不是連續性而是斷裂的，他主張面對這種非連續的轉變，我們需要「顛覆性」的思維方式、需要重新思考學習合作的方式來面對新的時代。「人生中最重要的學習經驗來自於連續性中斷的時候，那時他們沒有過去

---

[1]　查爾斯‧韓第（Charles Handy），2006，《思想者》（*Myself and Other More Important Matters*），頁3。

經驗可以依賴，沒有規則或手冊可資遵循。」[2] 他認為新時代能帶來創造性的顛覆性思考，能將過去熟悉的事物釋放出新的活力，使一切事情都成為可能，包括我們看待組織的方式、對待員工與顧客，以及自己的工作觀、人生觀也會隨之改變。他在《組織寓言》書中更進一步具體提到未來組織的演變，他強調未來的組織型態不同於以往傳統工業生產模式以同質性為主，而是朝向容納差異的企業（a business of differences）發展。「過去，組成團隊指的是消弭差異，如今則是指善加利用每個人的不同之處。」[3] 未來企業組織發展會更多元、更具有彈性，也必須學會珍惜每個人獨有的人格特質和天賦、體認到個人才華的成熟有快慢之分，能接受不同的工作方式、生活型態與人生價值。不只如此，未來的社會也是一個可以「容納差異的社會」，能夠接受各種不同的成功形式與職業選擇，也能尊重個體追求不同人生目標的自由。因此，未來組織所面臨的最大挑戰不是管理而是創新，不是追求擴大規模而是走出獨特性的個體化發展。在一個差異化的組織社會，組織運作成敗的關鍵是如何整合這些個人「差

2　查爾斯・韓第，1991，《非理性的時代》（*The Age of Unreason*），頁9。

3　查爾斯・韓第，1998，《組織寓言：韓第給管理者的二十一個觀念》（*Inside Organizations－21 Ideas for Managers*），頁13。

異」，引導團隊一起朝向組織共同目標努力創新。

回顧查爾斯・韓第所提出組織變革的預言，可說是相當準確，我們確實正朝向一個趨異而非趨同的組織社會發展，傳統工業社會的成長模式已經碰上瓶頸，人們開始尋找刺激下一波經濟發展的創新力量，而這正是英國創意經濟大師約翰・霍金斯所謂「創意經濟」時代的來臨。創意經濟的興起顛覆了傳統經濟對資本結構的概念、也改變了過去組織型態、人才運用的想像，宣示了一種新的合作模式與創新經濟的發展力量。

本章主要目的是闡述在創新經濟時代下創業的動力，強調合作而非競爭才是創造集體效益的最大力量；人與組織之間的關係是共生共存而非利用剝削；企業組織存在的目的是追求核心價值與意義而非最大獲利；並且進一步說明在創意經濟時代中打造一個具有創新活力、以人為本的未來組織的可能關鍵要素。

合作是創意時代的生存之鑰

「馬拉松不是賽馬，我們並不是為勝利而跑，我們其實是和自己賽跑。任何人只要跑完全程就是贏家。我們可以讓生活或公司成為馬拉松或賽馬，因為這大部分只是『抉擇』問題。畢竟『競爭』無所不在，我們雖然無法逃開無所不在的挑戰者，但總

可以選擇要把他們視為爭奪獎盃的敵手、或是一同向前跑的戰友。」⁴

　　從亞當・史密斯（Adam Smith）出版《國富論》以來，完全競爭市場已經成為追求自由市場的目標，競爭成為驅動資本主義強大的發展動力。在經濟學原理假定下，人是追求最大利益的個體，透過競爭資源能獲得最有效率的分配。經過幾世紀經濟自由市場神話的洗禮，我們的社會逐漸變成一個弱肉強食的現代野獸叢林，人與人之間的關係被利益滲透，金錢動機凌駕一切生存動機與價值。雖然競爭為人類社會創造前所未有的經濟榮景，卻也創造了無數盲目追求獲利、罔顧員工利益的血汗工廠；以及許多殘酷鬥爭、貧富不均的無情現實悲劇。競爭充實了我們的物質生活，卻枯竭了靈魂；面對千篇一律的複製商品、枯燥乏味的工作內容、毫無意義的生活窘境時，人類就得開始尋找新的出路與生命存在的價值與意義。

　　事實上，競爭並不如古典經濟學所言是完全自由市場的萬靈丹，值得一提的是市場只是人類生活的一部分，而競爭只是人與

---

⁴　同上，頁108。

人之間的一種關係，並無法涵蓋人類社會生活的整體面向。除了競爭，人與人之間還有更多合作共生的集體行為。競爭，不是必然，而是一種有意識的選項。從經濟學追求個人最大利益的假設出發，往往陷入零和互動的思考模式，以致於無法解釋人為什麼會選擇合作而非追求個人最大利益。對此，美國著名學者羅伯特・艾瑟羅德（Robert Axelrod）在《合作的競化》一書中提出解答。他認為現實生活並不是零和關係，也不是單次互動，事實上，往往可以透過合作讓雙方蒙利。他將著名的賽局理論「囚徒困境」活用於合作策略分析，研究中得出最具效益的互動關係，就是簡潔有力的「以牙還牙」（TIT FOR TAT）策略，以合作開始，再視對手前一步的做法以牙還牙。簡單來說，「以牙還牙」策略成功的決策規則具備四種特性：一、盡量與對方合作，可以避免不必要的衝突；二、只要對方背叛，便施以報復；三、在對方對挑釁有所回應之後予以寬恕；四、以明確的行為讓對方可以根據你的行為模式調適。競賽結果顯示，只要有適當條件配合，即便沒有中央權威的影響，在利己主義當道的世界裡，合作的確可以成局。[5]

5　艾瑟羅德（Robert Axelrod），2010，《合作的競化》（*The Evolution of Cooperation*），頁44。

　　羅伯特・艾瑟羅德所提出「以牙還牙」，是以互惠為基礎善良的決策規則，先以合作而非背叛為前提，並且是長期重複性合作模式，強調相互克制的合作交流，能改變互動的本質，讓互動雙方彼此更關心對方的福祉。而長期持續的相互合作經驗改變了參賽者的回報，使雙方合作的價值更勝以往。他也針對如何在持久的重複囚徒困境中獲得好成績，提出四個簡單的建議：

　　第一、不要羨慕（嫉妒）別人。因為人生大部分的情況都不是零和關係，而是互利共存的合作共生關係，所以不要嫉妒他人。以牙還牙之所以贏得競賽，不是藉由擊敗其他參賽者，而是誘導對方的行為讓雙方都能獲得好成績。在非零和的世界裡，人們只需反求諸己，無須過度在意自己的表現是否超過對手，無須對別人的成功心生嫉妒。嫉妒是一種自我毀滅，除非你的目標是摧毀對方，否則拿自己和別人的表現進行比較並不明智。因為在長期性的重複囚徒困境裡，對方的成功其實是你本身表現理想的先決條件。[6]

　　第二、不要成為第一個背叛者。不論是競賽和理論結果都顯示，只要對方合作，合作便是值得的。「不善良的策略一開始看

6　同上，頁147-149。

起來似乎前途光明，但長遠下來，卻可能使得本身賴以成功的環境毀於一旦。」[7]

　　第三、對合作回報合作，對背叛回報背叛。以牙還牙是以「互惠」為基礎的合作模式，相較於「無條件合作」，「互惠」是更理想的道德基礎。因為互惠有一項基本特性：堅持公平的分際。社群採互惠為基礎的策略可以自我保護，只要有人不配合就會受到懲罰。[8] 要保持合作就得能夠辨認過去互動中的對手，並記得這些互動的相關特徵。

　　第四、不要太聰明。羅伯特・艾瑟羅德說：「複雜到難以捉摸的地步是非常危險的。」[9] 在合作過程中不可能讓自己的行為過於複雜隨機，以致於讓對手無法辨認，因而喪失合作的動機。在重複囚徒困境中，受益於其他參與者的合作，關鍵是鼓勵合作，所以讓對方清楚明白你會回報是好辦法。

　　羅伯特・艾瑟羅德從賽局理論推論出合作策略的利基，也得出最好的合作策略與關係，長期頻繁的互動有助於促進穩定的合作關係，而階級制度和組織正是促成這種長期互動的有效形式。

---

[7]　同上，頁154。
[8]　同上，頁178。
[9]　同上，頁160。

合作是團隊建構相當重要的一環。透過合作，創業家將不只是在乎達成目標，而是共事過程。
圖為創立方創業團隊一起粉刷自己的工作環境。

因為組織會讓人們在長期、多階的賽局中結合在一起，從而增加未來互動的數量和重要性，使得各群體之間得以進行原本因為規模過大、難以個別互動的合作。[10] 由此我們可以理解合作必須從善意開始，透過長期重複的互動關係而形成，不需要透過統一的權力關係，合作演化的發展是從小的群集開始，以善意、公平的規則進行，就能發揮集體合作的最佳效益。而組織是確保關係的持久性，減少雙方彼此猜測試探的漫長考驗，讓合作可以更順

---

[10]　同上，頁170。

利，加速合作的演化過程。

找回組織中的人性

「人類本來就是群居的動物，我們的大腦早已演化出一套複雜而微妙的方法，去了解別人的想法跟感受。簡單來說，我們天生就安裝了一種『天線』，使我們在意周遭的人事物，並依賴這種直覺做出更好的決定，當決定牽涉到我們身邊的人時，更是如此。」[11]

不同於羅伯特·艾瑟羅德從理性分析的觀點闡述合作策略的利基，戴夫·帕特奈克（Dev Patnaik）、彼得·莫特森（Peter Mortensen）則是從神經生物學角度分析形成團體合作的基礎。[12] 而這裡所謂的天線就是「鏡像神經元」，透過「鏡像神經元」的啟動，讓我們能在腦中複製他人的動作，能具有「感同身受」的同理心，如果可以善用直覺，不但可以幫助我們學習，更能幫助我們體驗他人的生命。如果我們只看量化的數據或事實，是無法

---

[11] 戴夫·帕特奈克與彼得·莫特森（Dev Patnaik and Peter Mortensen），2010，《誰說商業直覺是天生的：有些產品和服務就是超有fu，怎麼辦到的？》（*Wired To Care－How Companies Prosper When They Create Widespread Empathy*），頁16。

[12] 同上。

真正掌握現實生活中的實際經驗與人際關係。當代知名經濟學家保羅‧克魯曼（Paul Krugman）就曾對此提出質疑：「建立模型時的策略性疏忽，其中幾乎都包括要捨棄一些真實的資訊。結果導致製作模型的行為在創造知識的同時，也摧毀了知識。一個成功的模型能提升我們的視野，但它也會創造出盲點。」[13] 過去工業革命大量生產模式下所產生各式各樣的科學管理工具與數據系統，讓組織企業可以迅速評估、管理各種生產流程與業務。但這些科學管理公式與數據往往將真實世界過度簡化為一堆數據與表格，而忽略了真實的脈絡以及人與人之間微妙隱晦的互動關係。美國哲學家考季斯基（Alfred Korzybski）也提出相同的觀察：「人類擅長找出模式，我們天生就會把感官所接收到的大量訊息簡化成容易吸收的模式。但有時我們會忘記這些模式只呈現了事實的一部分，而非事實的全貌。」[14] 因此，戴夫‧帕特奈克、彼得‧莫特森強調唯有透過將心比心、跳脫自我框架、與他人實際互動，透過他人的眼光重新檢視這個世界，才能產生新的看法與見解，同理心可以提供決策所需的脈絡，預見可能的結果；讓抽

---

[13] 麥可‧許瑞吉（Michael Schrage），2003，《認真玩創新：進入創新與新經濟的美麗新世界》（*Serious Play: How the World's Best Companies Simulate to Innovate*），頁108。

[14] Dev Patnaik and Peter Mortensen, 2010: 35.

象數據變得真實具體，幫助我們培養判斷力，發掘新的機會與可能。

在工業革命之前，生產者與消費者之間有緊密頻繁的互動，彼此之間擁有許多相互理解的隱含知識，過去所謂的「江湖智慧」（street smarts）或直覺判斷，就是對現實狀況直覺式的理解。以前奇工異匠的成功全靠老方法，他們的時間不會用在進行市場研究或產品研發，而是與消費者建立緊密的關係，傾聽他們的需要。[15] 因此，如果能善用「鏡像神經元」的感觸，就能將各種抽象理論與數據變得具體、直接，以便能夠對應到真實世界周遭所認識的、活生生的人群。當我們循著同理心、關懷他人的本能行動時，就是踏著人性而行，真正影響人與人互動的要素不是理性計算的結果，而是人性的共鳴。創造一個開放、具有同理心的組織，員工可以把自己當成公司擁有者，以這種心態來思考及行動，明白自己的行動會對公司產生怎樣的後續效應，並學習如何做出更好的決策；也會更了解顧客的想法，看見自己所創造的產品或服務與顧客之間的互動。「讓別人彼此建立關係，可能是企業最大的成長機會。」[16] 同理心是我們延伸個人世界的方式，

---

[15]　Dev Patnaik and Peter Mortensen, 2010: 52, 76.
[16]　Dev Patnaik and Peter Mortensen, 2010: 221.

共同參賽與參展不僅有經濟效益，還可以展現整體文化與價值。
圖為創立方團隊組隊參加創業展時的現場。

在人格動機中渴望關係與歸屬原本就是人類的本能之一，我們希望尋求認同與友誼，希望關懷他人也期待被了解關心。這也是戴夫・帕特奈克、彼得・莫特森所謂黃金法則的生物學基礎「互惠的利他主義」（reciprocal altruism），主要有三項原則：「希望別人怎麼待你，你就怎麼對待別人；別人想要怎麼對待，就怎麼對待他們；用對待自己的方式，去對待別人。」[17] 當我們做出合乎道德的行為，是希望別人也會如此；當我們能表現出無私利人的舉動，會希望別人也回報相同的舉止。因此，為他人設身處地著想的能力，堪稱人類道德行為的基礎。

　　以人為本的組織企業會重視每個員工的意見，強調合作的重要而非迷信競爭的效益；不再將人視為資源或資產，而是具有獨特個性與無限潛能的人才。更重要的是以人為本的組織會看見人性，不管是對員工、對顧客、對協力廠商都能具有同理心，正如羅伯托・維甘提（Roberto Verganti）所言：「在成為經理人之前，經理人也是人。」[18] 組織不是冷冰冰的機器，而是由人與人之間互動交織而成的社會網絡，透過分工合作可以激發更多的創

---

[17]　Dev Patnaik and Peter Mortensen, 2010: 242.

[18]　羅伯托・維甘提（Roberto Verganti），2011，《設計力創新》（*Design-Driven Innovation*），頁28。

意與自由發展的空間。分工合作並非彼此牽制約束，而是相輔相成、刺激創新、解放限制。

創意經濟時代的來臨

「我們看到一個世界的開端，在這個世界裡，組織變成社群，這個社群不是因為工作性質而結合，而是因為它的工作動機，或是它的工作態度而結合。……在舊模式之下，組織是一個恆星，組織存在的目的是保障自己的存活。現在情況改變，構想是恆星，社群繞著構想旋轉。社群存在的目的是實踐構想。構想屬於整個社群，是一個社會財產，社群可以發展它，隨著時間演進重新詮釋。」[19]

創意經濟帶來一種全新的經濟發展模式，創造出新的工作氛圍、新的經濟生產、以及新的組織結構與人際關係。《經濟學人》宣稱：「創新是現代經濟最重要的單一因素。」[20] 不同於傳

---

[19] 羅伯特‧瓊斯（Robert Jones），2002，《大構想：重新找尋企業未來的生命力》（*The big idea*），頁233。

[20] 湯姆‧凱利（Tom Kelley），2008，《決定未來的10種人：10種創新，10個未來／你屬於哪一種？》（*The Ten Faces of Innovation*），頁15。

統工業社會偏重理性、科學的面向,創意經濟更重視非理性的創造力,強調能發揮個人創造力的工作組織型態,追求更多元的生存價值與需求,包容差異、尊重他人。相較之下,創新經濟是一種更理想的經濟發展模式,而我們才正要踏上創新時代的開端。

人類文明的成就是經歷好幾世紀以來創新發明的累積,除了前文提到管理哲學大師韓第對組織發展的洞見之外,早在十八世紀末法國經濟學家賽伊(Jean-Baptiste Say)就曾提出「企業家」是「改變未來」的人,因為企業家能夠開啟動彈不得的資本,活化資本改變未來。賽伊也是把改變和不確定等概念導入我們社會的第一批經濟學家之一,讓我們明白改變和不確定都是正常的,甚至具有正面的效果。[21] 賽伊看到了取得資本的機會,而二十世紀初經濟學家熊彼得則看見科技所帶來的契機,新的科技賦予企業家的創新機會,使其得以在製造業和商業活動中掌握到競爭的優勢。

同時美國學界開始重視組織與管理所帶來重要關鍵的經濟功能,著名的社會學家丹尼爾・貝爾(Daniel Bell)提出資訊是管理變革中強而有力的槓桿,並且可以帶來新的「後工業」(post-

---

[21] 約翰・霍金斯(John Howkins),2003,《創意經濟:好點子變成好生意》(*The Creative Economy: How People Make Money from Ideas*),頁214-21。

industrial）社會；而整個二十世紀堪稱最著名的管理學大師彼得
‧杜拉克（Peter F. Drucker），也首先揭櫫知識經濟的到來，提
出「知識工作者」（knowledge worker）角色的出現。[22] 二十一
世紀英國創意經濟大師約翰‧霍金斯將這些概念結合在一起，提
出構成了職業新三角：思想家、創意企業家、後就業時期的工
作。[23] 他認為未來的工作機會是屬於思想家與創意企業家，他們
能充分運用自己內在的財富，其工作方式和獨立自主的個性，也
證明他們是有能力產生新的工作、維持業務關係，並能創造財富
者。而在後工業社會所需要的就是後就業時期的工作，需要及時
化的人（Just-in-time）[24] 以及臨時性的公司。臨時性公司是為特
殊目的存在，會把各種資源或工作要素牢牢的聚在一起。[25]

---

[22] 凡是靠知識獲取所得的，就是泛稱為「知識工作者」，如醫師、律師、教師、設
計家、作家、畫家、新聞工作者、金融業者、資訊業者等。杜拉克認為知識工作
者已經開始成為勞動人口中的最大族群。任何國家、產業、公司的競爭地位，將
會愈來愈取決於知識工作者生產力的提升。

[23] John Howkins, 2003: 219.

[24] 及時化的人是指只有在需要的時候以及需要的地方受雇。一般來說，這些人力具
有兩項資產：一是他們特定的專業經驗；二是他們和其他一組人力攜手合作的能
力，而且這些人對團體的運作方式也維持一顆敏銳的心。每個人的時間都十分有
限，因此必須更賣力工作，至於明天則不在考慮的範圍。同樣地，由於沒有一個
人會表現出持續不輟的忠誠，所以主管必須更加賣力地維繫整個小組的凝聚力和
動能。（John Howkins, 2003: 224, 226）

[25] John Howkins, 2003: 226.

　　過去全職就業的時代已經走遠，全職固定的工作已經被新的工作型態與兼職工作、短期雇傭關係慢慢取代，企業家和及時化員工以及臨時性公司自然而然聚合為暫時性的有機體，這些有機體是特別為某種目的所形成，以便能達到短期的特定目標。除此之外，隨著資訊科技的進展，辦公室的型態與合作方式也產生巨大的轉變。對於創意工作者來說，他們需要私人化空間做為安靜思考之用，也需要各種網絡的連結與社交空間從事資訊交流的活動。因此網絡化辦公室逐漸成為未來趨勢，而創意時代辦公場域的關鍵在人而非空間。如曾擔任美國駐北大西洋公約組織的大使、夏威夷大學的校長哈蘭・克里夫蘭（Harlan Cleveland）說過，創意型辦公室是要建在「由人所形成的共同生活體中，而不是在由場所形成的共同生活體中。」[26]

　　打造以人為本的創意聚集是新時代組織的意義，約翰・霍金斯也提出創意經濟時代下群聚的重要，他認為透過群聚才能將資訊傳播交流的效應極大化，他提到：「群聚是『把神祕變成沒有神祕的地方』，也在心理、財務和技術上提供了互相的支援。……群聚可以導致更高比率的『綜效』（synergy），同時也可以讓

---

[26]　John Howkins, 2003: 230.

互補性的資源進行主動積極的交換，而所創造的結果也比其他各
種成分的總和還要多。」[27] 群聚可以將相關產業工作者聚集在一
起，降低交易成本、增加市場效率，也可以分享資源與溝通訊
息，讓內部流通的知識與技能產生最大的價值，凝聚認同與向心
力，用熱忱而非報酬做為鞭策的動力，走向良性競爭與合作互利
的經濟生產模式。

在創意經濟下，創意的概念是「非競爭性的」，概念的分享
並不會造成彼此權利的損失，這種非競爭性的特質鼓勵我們能自
由揮灑想像力與創造力。創意經濟解放了工業化帶來制式刻板的
工作型態，打破了競爭至上的市場邏輯，也顛覆了長久以來數大
便是美的規模成長的發展迷思。

創業是追尋自己的靈魂

「靈魂是一家企業之所以偉大，甚至具有存在價值的關鍵。
企業的靈魂來自於發展過程中所建立的關係。如果你無法和員
工、顧客、社區、供應商，以及投資人主動建立有意義的對話，
企業就沒有了靈魂。」[28]

---

[27]　John Howkins, 2003: 233.
[28]　鮑‧柏林罕（Bo Burlingham），2006，《小，是我故意的：不擴張也成功的14

鮑‧柏林罕（Bo Burlingham）在《小，是我故意的：不擴張也成功的14個故事，7種基因》一書中提到，真正決定企業成敗的關鍵不是規模的大小而是靈魂的堅持。過去傳統企業會將成長視為最終目標，但「成長」應該是公司成功追求自己核心價值與意義之後，伴隨而來的附加價值。「大，雖然是企業發展最順理成章的方向，卻不是企業成功的唯一標準，更不是經營者僅有的選擇。」[29] 因此投資報酬並不是創業家最重要的目標，而是其他動機，例如是否能在特定領域成為最優秀的企業、創造更好的工作環境、提供更高品質的服務或產品、與供應商攜手合作發展、對員工與所在社區有所貢獻等等，這些非財務性的目標往往才是創業家最大的動力來源。然而，一味追求規模的擴大最終必然需要其他外來資本的投注，不論透過公開上市或者接受創投公司的投資，都必須承受失去經營自由的風險。鮑‧柏林罕提供幾個成功小企業的例子，指出這些公司的所有人與領導人之所以能夠如此優秀突出，其中主要的關鍵來自於人，因為他們都能接觸、並且專注在多數人所認同生命中一切美好的事物上。他們所

個故事，7種基因》（*Small Giants: Companies that Choose to be Great Instead of Big*），頁35。

[29] 同上，頁20。

擁有的創業驅力來自於內心深處源源不絕的生命能量，是對世界充滿好奇、渴望未知的挑戰、珍惜友情、建立親密關係與社群、追求目標與成就等等動機，他們聽從自己內心的想法打造自己的王國，建立具有自己靈魂的企業組織，並且與志同道合的伙伴一起努力分享這些美好的事物。沒有理念與想法的創業家難以創造吸引人、具有生命力的企業組織，如希克斯（Greg Hicks）在《危機領導》（*Leader Stock－And How to Triumph Over It*）一書中所指出，目前領導者最主要的危機，就是在於他們沒有願景和理念，也不敢坦誠說出他們內心真正的想法和目的。因此，「他們無法凝聚人們的向心力與奉獻的熱情，很自然地，在這種徒具虛名的領導者主持下的企業，也無法昇華成為具有靈魂和活力的企業。」[30]

　　除此之外，鮑・柏林罕也相當重視企業的在地耕耘，強調企業必須與所在的社區建立連結與關係，他認為這種在地扎根的社區精神也是構成企業靈魂的一部分，「企業的老闆與員工對於他們是誰、歸屬何處，以及如何改變他們的鄰居、朋友、以及他們接觸的所有人，都有強烈的體認。這種認知使得企業持續成長，

---

[30]　同上，頁9。

人們對自己所做的一切懷抱著熱情。」[31]

　　傳統的企業管理是講究理性生產活動，但在創意時代，創業管理需要藝術家的創意、精神與氣質，以人為本的企業，不會千篇一律、枯燥乏味；創業不僅是一項商業行為，更是一種藝術創作，創業家和藝術家一樣，必須能看見別人無法預見的能力，如知名的企業家及音樂家厄尼斯・哈爾（Ernest Hall）所說：「每個人都得開始相信他們的夢想，因為藝術家就是從這股信心中誕生。現在我們所需要的是企業家，而藝術家的角色堪稱為企業家的模範。」[32] 創業本身就是一種從無到有的藝術創作，但創業不只是藝術，還必須是能獲利的藝術。畢竟，商業世界是現實冷酷的，當然，正向思考很重要、熱情也很美好、理想更是崇高，但這些都必須站在創業「生存」條件上。雖然獲利不是唯一目的，但公司商業模式的平衡與穩定收益卻是創業家生存的必要條件。即便是極力倡導追求企業靈魂的鮑・柏林罕也對此提出嚴厲的呼籲：「至於那些聲稱『我不賺錢，是因為我想做「正確」的事』的人，根本不應該創業。如果你的公司成立多年，卻沒有賺錢，就表示你做錯了，其中必定有漏洞。在商業界，獲利不是選項，

---

[31] 同上，頁119。
[32] 同上，頁197。

而是必要。如果公司沒有獲利，就有破產的危險，這樣對員工非
常不負責任，他們可能因此而失去工作。」[33] 在創意經濟的時
代，創業家不但要善加利用創造力開發蘊藏在自己身上的潛力與
能量，也必須將其轉化成為創意財富，藉此創造更多的資本。創
意經濟時代的贏家不能只有創意，還要具備將創意化為經濟動能
的魔力。

創造力在哪裡？

　　「未來並不是就目前所提供的各種替代性路徑中做選擇的結
果——這是個被創造出來的地方——先在心靈和意志中創造，其
次才在行動中創造。」

——華德・迪士尼（Walt Diseny）[34]

　　世界一流的建築師理查・羅傑斯（Richard Rogers）將創意
視為一項十分普及化的才能，他說：「每一個人都有創造力……
我覺得企業家的創意和藝術家及科學家的是相同的。」[35] 確實，

---

[33]　同上，頁227。

[34]　John Howkins, 2003: 261.

[35]　John Howkins, 2003: 287.

彼此坦承與表示友好是創業家需要學習的功課。
圖為創立方領導與團隊工作坊的現場情形。

創造力是人類普遍共有的才賦，就像小孩子一樣，人人都擁有相當程度的直覺與開放式創意，每個人都有夢想與渴望，但卻不是每個人都能夠勇敢追求夢想、有能力實現自己的創意。如約翰・霍金斯所言，「人類是具有創意的動物，不過，我們的創造力未必永遠會導引出一項具有創意的產品。」[36] 其實早在1990年萊夫・艾文森（Leif Edvinsson）就曾提出類似無形資本的概念，他稱之為「智慧資本」，指「可以轉化為利潤的知識，這些知識絕大多數都是常識，其挑戰是如何把它轉換為一般的慣例。」[37] 創

[36] John Howkins, 2003: 12.
[37] John Howkins, 2003: 331.

意資本也是如此，邁向後工業社會，最有價值的資產不是機器、土地、金錢，而是無形的創意、概念與智慧財產，這些無形的資本具有無限的彈性與機動性，如果獲得妥善的管理與運用，則能產生龐大驚人的收益。然而，這些無形的概念只有在才能之士的手上方能轉化成有用的資本，進而創造更大的價值。

約翰‧霍金斯將創造力分為兩種：第一種創造力是人類的普遍天性，放諸四海皆準的，在所有社會和文化中都可以發現，但是不同的社會對創造力有不同的限制，越是中央集權的社會文化對創造力的壓抑越大。第二種創造力是可以導引我們製造出創意產品的能力。但不論哪種創造力都擁有三種共同的必要條件：針對個人、獨創性、以及具有意義。[38] 第一個條件是個人的出現，人類並非事物，是具有創意的，創造力需要從個人了解或感知到某些有形或無形的東西，並且能將這些東西引入人類社會之中。不過，針對個人這項先決條件並不表示創造是無法與他人合作的獨立行為，事實上，合作並不會使個人喪失產生創造力與產品的才賦和個別的貢獻，相反地，合作往往能帶來更多的創造力。其次，獨創性，可以是「從無到有」的全然創新，屬於「嶄新、第

---

[38]　John Howkins, 2003: 25-28.

一個」的創造；也可以是賦予現有東西新的意義與使用特色，是
「獨一無二」，不同以往的創作。這兩者之間的差異可以具體反
映在智慧財產法上，符合著作權法的作品必須是新的，卻未必需
要獨一無二；而專利法所保護的作品必須兼具嶄新以及獨一無二
的特性。[39]

　　最後一種條件是意義，是指以有意義的方式展現出創造力，
例如賦予作品名稱與故事，讓創作者與作品之間產生關連就是創
造意義。而意義創新正是羅伯托‧維甘提在《設計力創新》一書
中提到的關鍵創新策略，稱為「設計力創新」（design-driven
innovation），他提到「設計」一詞的本義是「賦予事物意
義」。因此，設計力創新是意義的研發流程，是從產品、人員、
組織整個過程的意義創新，具有顛覆主流、創造價值的力量。他
分析過去以使用者導向（user-driven）為主有兩種主要的創新策
略：一是透過突破性技術，使產品性能大為躍進；二是更詳盡地
分析使用者需求，進而改善產品解決方案。前者屬於技術推力的
激進式創新領域；後者屬於市場拉力的漸進式創新。而羅伯托‧
維甘提所提倡的是第三種策略：設計力創新，是意義的激進式創

---

[39]　John Howkins, 2003: 32.

新。[40]

　　他認為過去以使用者為中心的創新方式雖然有用，但只是強化現有的意義，而不是顛覆創造新的意義。而所謂的「設計力創新」是指創造「意義」的激進式創新，強調設計不再只是功能與形式上的突破，還有對消費者認知的意義有所衝擊。過去「設計思考」所強調的創新方式是分析消費者需求、以動腦會議廣泛吸納意見與創意、快速提出產品創新的概念與想法。但「設計力創新」則認為必須超越消費者分析，結合關鍵詮釋者的專業與智慧，才能夠打造出消費者渴望的新產品與其背後的意義突破。羅伯托・維甘提認為創造力來自於人性與文化，是普遍存在，有待被發掘與利用，因此，研究消費者與分析市場並不是了解人性的最好方式。

　　放眼世界，目前舉世聞名的設計公司與作品都不是來自於市場調查的結果，例如義大利知名品牌Alessi曾提過探索開創式設計的歷程：「我們幾乎總是自動自發在慾望所佔據的土地上工作，這是人們的慾望，且多未挖掘……而我們知道這個地帶是非常非常動盪的。我們走在尚未開闢的街道上，這些未知的道路引

40　Roberto Verganti, 2011: 42.

領著我們通向人心……我們遊走在可能實現（人們會真正喜愛並擁有的東西），以及永遠不會實現（太過遙遠，因此消費大眾並未準備或想要擁有）之間迷樣的界限。……講究量產的廠商會盡量離界線越遠越好，因為他們害怕面對任何風險……不過這麼一來，他們會逐漸生產一樣的汽車、一樣的電視。」[41] 如果只是分析現有消費者的需求、只是專注於眼前既有的市場分析調查，那我們永遠只能做出了無新意的產品與服務。雖然投入已知的風險最低，但預期收益也最微薄；相對地，創造出未知的風險最高，無法預期市場反應的不確定性也最高，能帶來的意外驚喜與顛覆世界的效果卻往往是最深最遠。

事實上，每個人都是具有普同（遍）人性特質與心理結構的個體，也都是文化的載體。因此，與其費力猜想消費者要什麼，不如仔細觀察自身。羅伯托・維甘提這樣形容：「文化是人類最珍貴的天賦，每個人都擁有這天賦。然而，這項天賦經常未獲釋放。管理理論無助於發揮這項天賦，反而常常告誡大家，應該盡量隱藏文化。創新工具、分析篩選模式、專家推薦的流程設定，通常不帶文化色彩，或甚至反對文化。」[42] 因此，設計力創新是

---

[41] Roberto Verganti, 2011: 161.

[42] Roberto Verganti, 2011: 29.

透過個人文化（personal culture）[43] 導向能創造出經濟價值的方向。

　　羅伯托・維甘提解釋這種設計力創新能力，會從使用者身邊往後退一步，以更廣的角度來思考。他們會探索消費大眾生活脈絡的演變，包括各種社會文化與技術層面，最重要的是，他們會提出改善策略，研究消費大眾如何為事物賦予意義，換句話說，這些研究者就是「詮釋者」（interpreter）。因此，設計力創新的過程就是詮釋者的角色，包含三項動作，分別是傾聽（listening）、詮釋（interpreting）、訴說（addressing）。[44] 創新是從傾聽互動開始，了解生活脈絡中意義的演變過程，提出特殊的想像與解釋。培養觀察能力也是一種傾聽的方式，諾貝爾獎作家索爾・貝婁（Saul Bellow）曾說：「設計思考家皆是『一流的觀察者』。」[45] 唯有透過敏銳的觀察與用心傾聽，才了解世界真正的面貌、真實迫切的問題，以及日常生活中每一處看似不起眼的角落所展現的珍貴意義與來自平凡世界的樂趣。

---

[43] 個人文化可反映出主管自己的想像：人們做事的原因，價值、規範、信仰與渴望如何演進，以及應該如何演進。個人文化的基礎，奠定於個人多年投入於社會探索、試驗，以及私人與企業背景中的關係。（Roberto Verganti, 2011: 29）

[44] Roberto Verganti, 2011: 51.

[45] 羅傑・馬丁（Roger Martin），2011，《設計思考就是這麼回事！》（*The Design of Business: Why Design Thinking is the Next Competitive Advantage*），頁41。

其次,進入詮釋階段,是發生在個人或組織內部的過程,將觀察與傾聽獲得的資訊及知識,與自己的洞見、技術、資產重新結合、融為一體,主要目的是研擬出獨一無二的提案。詮釋過程是透過探索式實驗來分享知識,而非一時興起的創意。詮釋反而不像創意運作,而是比較類似科學與工程的運作過程,只不過目標在於意義,而不是技術。詮釋的結果是開發出突破性的意義。最後進入訴說階段,這些詮釋者必須善用誘導能力,將所開發的技術、設計產品與服務、以及創作品賦予新的意義,帶動社會文化討論新穎想像,並促使其意義普遍內化。

簡單來說,意義是來自於使用者與產品之間的互動,因為意義並非產品的本質,所以無法事先決定與設計。但產品可以成為一個平台,提供創造者與使用者詮釋的空間。而設計創造力真正獨特之處,在於能改變消費大眾原本會賦予產品的意義,進而促成意義創新。

創意經濟時代的生存法則

「創意經濟中,原料就是人的才賦:擁有新式原創概念的才賦,以及把這些概念轉化為經濟資本和可銷售產品的才賦。⋯⋯讓其創意資源窒息或是誤用它們的社會,以及受雇於錯誤財產合約的社會均無法繁榮茁壯。如果我們了解並妥善管理此一新的創

意經濟，那不但個人會獲益，整個社會也會同蒙其利。」[46]

　　所謂的創意經濟不只是天馬行空的隨性發想，更重要的創造力來自於將概念落實為具體的行動，光有一個好點子並不足以成事，唯有能把好點子變成好生意的時候，才能稱為真正的創新。相較於過去，創意經濟時代的生存法則已經大不相同，約翰‧霍金斯提到在創意經濟時代下，個人的任務就是累積自己內在的資本，並且努力將這些內在資本的品質、範圍以及實用性發揮到最大；而創意時代下的組織所面對的任務就是以公平而合理的條件交涉其使用，然後把它充分利用到最徹底的程度。[47] 他還提出創意經濟中十項成功法則，[48] 主要是闡述個人內在資本的培養發展原則。

---

[46] John Howkins, 2003: 342-343.

[47] John Howkins, 2003: 327.

[48] 約翰‧霍金斯提出創意經濟的十項法則為：創造自己；把優先順序放在概念而非數據上；要有游牧民族的心態，因為創意是同時需要孤獨和群眾，必須能獨立思考，和他人合作時卻又必須大家齊心協力；由自己的思考活動界定自己，不要過度依賴工作職稱或頭銜；學無止境；善於運用名氣和聞人，在創意時代知名度更加重要；視虛為實，電腦空間只是生活的另一次元，不能過度依賴網路世界；隨時都得充分運用RIDER程序（檢核、孵化、夢想、激情和現實的核對）；親切和藹，對成功要不吝公開的讚美；要有企圖心、最後還要能充分享樂。（John Howkins, 2003: 255-259）

簡單來說，創意經濟比過去經濟發展模式更重視人性感知、想像與創造力。因為創造力通常來自於跨領域的整合與串連，所以個人能力的培養必須兼顧理性與感性的整合，未來人們追求的目標不只是滿足生存的基本需求，更要滿足自我實現、歸屬、認同等情感動機。過去社會原本是屬於重視理性分析的特定族群，例如電腦工程師、律師、會計師、企業管理人才；但隨著創意經濟的崛起，具有高感性能力的族群，包括具有創造力、同理心、敏銳的觀察力、能詮釋賦予事物意義的人，才將成為創新時代的寵兒。如湯姆・凱利（Tom Kelley）在《決定未來的10種人》中提到，未來社會人才需要六種關鍵能力：「設計、故事、整合、同理心、玩樂、意義，這高感性的六種力量將逐漸進駐我們的生活，扭轉我們的世界。」[49] 而這六種關鍵能力來自人類兩種感知力量：高感性（High Concept）與高體會（High Touch）。高感性，指的是能觀察趨勢和發掘機會，以創造優美或感動人心的作品，編織引人入勝的故事，以及結合看似不相干的概念，轉化為新事物的能力。高體會，則是體察他人情感，熟悉人與人微妙互動，懂得為自己與他人尋找喜樂，以及在繁瑣俗務間發掘意義與

---

[49]　Tom Kelley, 2008: 81.

目的的能力。[50]

　　至於創意經濟下組織的生存法則，是創造一個能匯集創意人才、培養創造力的組織環境與文化，企業組織必須有全新的眼光、觀點與態度來面對創新的挑戰。創意經濟不但帶來產品的創新，也從本質上改變了傳統結構資本[51] 的組成以及組織運作的模式。過去工業化大量生產的產品與服務越來越無分軒輊，毫無特色的產品容易模仿複製，導致企業陷入惡性價格競爭的無底深淵。在創意經濟下，感性訴求與產品的意義和價值將成為差異化的主要來源。創意經濟的消費者是在選擇不同的感知與價值，而不只是選擇不同的產品特色。除此之外，產品生產方式也有所改變，過去的產品多為單一作品，隨著數位時代的發展，數位化的作品以多重作者為主，集體創作成為創意經濟時代的另一特色。

　　在組織管理部分，過去的結構資本是透過雇用、報酬和訓練方面的政策，以及管理資訊系統和知識管理系統來管理組織員工；但是在創意經濟下，組織需要更有創意的方法來吸引創意人才，並且能建立組織的創新文化與創意生態聚落。丹尼爾・品克在《動機，單純的力量》一書中提到：「二十世紀的典型誘因

---

[50]　Tom Kelley, 2008: 8-9.
[51]　所謂的結構資本是指組織用來獲得並組成人力資本的工具或手段。

——胡蘿蔔和棍子，不知何故將它視為人類精神天經地義的一部分，有時候確實可能奏效，但是，它的有效範圍與情境狹窄得令人吃驚。科學顯示，條件式的報酬在許多情境下不僅枉然失效，甚至會扼殺富創意、重概念的高層次能力，而這些能力正是當前與未來經濟及社會進步之所繫。」[52] 未來的組織不是以傳統科層體制的嚴懲與獎勵作為管理利器，而是善用每個人的天賦，提供成員值得追尋的價值與認同的目標，打破上下階層的觀念，讓每個人都能自由平等，盡情發揮潛能。正如美國著名企業家保羅・歐法拉（Paul Orfalea）曾提到：「我向來相信要管理環境，而非管理員工，我們的工作環境並非階級分明，但是我們絕對會給員工恰到好處的獎勵，我發現只要有適當的激勵，人們就會自我管理。……管理的目標是移除障礙。我不要利用別人，我要和想成為『有能力的創業家』合作，我們希望所有員工覺得自己是創業家。」[53] 保羅・歐法拉是一位有閱讀障礙的創業家，因此他更能體認到每個人都有不同的長處與障礙，以及團隊合作的重要，

---

[52] 丹尼爾・品克（Daniel H. Pink），2010，《動機，單純的力量》（*Drive: The Surprising Truth About What Motivates Us*），頁180。

[53] 保羅・歐法拉與安・瑪許（Paul Orfalea and Ann Marsh），2008，《怪咖成功法則》（*Copy This!: How I Turned Dyslexia, ADHD, and 100 Square Feet into a Company Called Kinko's*），頁56。

創意經濟時代，人人都是平等的，認識與被認識是事業成功的重要一環。
圖為倫敦The Hub共同工作空間，所有創業團隊的簡介，提供大家認識彼此的開始。

不管是在他成長或創業過程中，他都清楚別人帶給他的幫助與益處，他的座右銘是「任何人都能做得比我更好。」[54] 他強調獨自求生不是次好的選擇，而是絕不可能的事情，因為我們都需要別人的協助與集體的合作。

在創意時代中的組織必須能透過更快速、更透明、更密集的合作網絡協助創造力發展，因為創造力總是在最自由的地方誕生茁壯。在其中每一位組織成員都可以具有存取相同知識體的平等

[54] 同上，頁25。

權利，並且能以一種自由、開放且合作的心態對組織整體發展做出貢獻。

　　另外，約翰‧霍金斯也特別強調絕大多數的研發過程和創新都是持續累積而成，是具有增值性的，並且能透過在地、非正式的、沉默的及直覺的交換和動作釋放出來。「Eureka（我找到了！）這種行為鮮少發生在孤立的情況下，一個組織是無法透過突然或戲劇化的間斷事件學習到什麼，而是得透過漸進及相互式的過程才能有所學習。」[55] 由此可見，所謂的創造力並不是靈光乍現、一閃即逝，而是需要經過時間的洗鍊、集體經驗的沉澱，加上共同創作團隊的感知與直覺，齊心齊力發展而成。正因如此，創造力的效應也不是如海上浪花般稍縱即逝不留痕跡，而是能產生深遠廣泛的影響，能真正落實改變社會與世界的力量。

　　隨著新經濟時代的來臨，個人與企業的生存法則也隨之產生重大轉變。在創意經濟時代，組織成員需要獨立思想與主動學習，還必須承受更多的不確定與未知的挑戰，他們需要有更強的創造力與移動性，能夠積極選擇、爭取加入，甚至是自行創造一個符合自己價值認同的組織。正如哈佛大學教授泰瑞莎‧艾瑪拜

---

[55]　John Howkins, 2003: 328-329.

爾（Teresa Amabile）曾提到：「不管是從事藝術、科學或商業，只要你渴望做這件事情，是因為它對你個人具挑戰性又讓你深感滿足，你就能迸發出最高程度的創意。」[56] 被動順從的員工是無法發揮創意與潛能，唯有主動進取、積極投入，方可將個人的才賦與創造力發揮到極致。

　　傳統組織的生產方式與工作性質也已經大幅改變，企業組織型態、合作方式與運作模式也隨著重組變形，過去追求無止境擴大成長的企業已經不再是所有企業的夢想，在新創意經濟競賽中，決勝的關鍵不是數量的大小，而是價值的差異與獨特性的展現。因此，在創意經濟中，企業將走向創造型企業，員工不再只是訓練有素、遵守規定的機器零件，而是能夠自由開創、探索未知的創意工作人才。新的工作觀念已經不是用財富金錢做為吸引人才的誘因，而是用自由、歸屬、認同、獨立等各種人性的基本需求做為凝聚人心的動力。就像丹尼爾‧品克所說：「優異表現的祕訣並不是我們的生理衝動或驅獎避懲的本能，而是我們的第三驅力──一股無人不有、根深蒂固、希冀主導自己生命、展延自己能力、過一種有目的人生的渴望。」[57]

---

[56] Daniel H. Pink, 2010: 143.
[57] Daniel H. Pink, 2010: 180.

　　新的企業組織所重視的是提供員工發揮天賦的自由空間，而非控制與規訓，追求的目標是創新價值而非盲目投入成長模式的陷阱。未來社會將賦予個人與組織更多的選擇自由，讓人可以更忠於自己，「追求目的，是人類的本性。而今，這個本性以前所未見的規模、以不久之前還無法想像的眾多人數，被揭櫫出來並顯現於世。這樣的結果或能讓我們的企業恢復青春活力，讓這個世界得以重生。」[58] 創意時代帶來了新的解放力量，個人與集體的成就和滿足可以有更多不同的選項與樣貌。過去生產力限制了人們追求其他生命意義的自由，未來的個人與組織將有更多時間與精力去嘗試不同的事物與創新。不過，自由可能帶來寬容，也可能帶來分裂，取決於未來社會是否能培養出具有同理心以及能包容差異的組織文化。不管是過去、現在或未來，人之所以要追求創業都是關於人性自我實現的議題，是一種證明自己的需要。創意經濟時代為個人與組織帶來無限的可能與機會，但伴隨著更多自由而來的是更大的道德責任與社會關懷，創造力不只是創造經濟發展的利器，更是我們打造一個符合人性、包容多元價值、和諧共存社會的絕佳武器。

---

[58]　Daniel H. Pink, 2010: 180.

附錄　一種尚未出現的存在——
談台灣文創產業策略的典範轉移

原載《工商時報》2013/1/29

迷思：以產業思維領軍的文化創意產業政策！

　　過去十年來，世界各國從經濟先進國家，如英國、美國、日本，到新興亞洲國家，如中國、韓國、泰國、印度，都陸續投入文化創意產業的發展。主要的原因，在於回應世界經濟與社會趨勢的變遷，針對產業轉型與升級制訂策略性計畫目標。所以，全球文化產業的興起和近年來世界經濟結構變遷有密切關係。例如，向來被視為創意產業發源地的英國，當初就是想藉由創意產業挽救日益衰退的國際競爭力。又如日本於二十世紀初面臨經濟泡沫化的危機，轉而發展文化創意產業，如今日本的動畫、遊戲產業也在全球取得亮眼的成績。

　　更顯著的例子是韓國，1997年亞洲金融風暴重創韓國之後也催化了韓國的內容產業發展，當今韓國的流行文化正席捲了整個亞洲地區。從產業轉型所引發的危機感，文化創意產業似乎成為解決問題、逃脫經濟結構困境的不二法門。當然，台灣也沒有置身事外。在全球經濟結構轉型之際，傳統製造代工的利潤已經微乎其微，未來勢必是以文化和創意開拓更高附加價值的時代。因此台灣在2002年開始推動文化創意產業政策，當時行政院將「文化創意產業發展計畫」納入「挑戰2008：國家發展重點計畫」，成為國家發展的重

點推動計畫。2009 年，總統馬英九於「當前總體經濟情勢及因應對策會議」中，特別強調文化創意產業是當前重要的六大關鍵新興產業之一，主張政府應該投注更多資源，藉以擴大規模、提升產值、輔導及吸引民間投資。

可惜的是，台灣文化創意產業的發展思維始終沒有跳脫製造業的發展模式。無可否認的，過去製造業的代工生產方式讓台灣的經濟在國際分工模式中迅速崛起，並且能在國際上嶄露頭角。但，文化創意產業絕對不是、也不能獨立歸類為「另一種」新興產業而已。文化創意的實踐應該是滲透到社會各層面、具體化於各種產品生產或產業別的基本思維。

過去的成功模式常常會成為未來發展的桎梏，如果我們一直無法擺脫製造代工的產業發展模式，那就永遠無法掌握文創產業發展成功的關鍵之鑰。這個失敗的前提，可以從2010年頒布的《文創法》所涵蓋的產業，從「六大」新興產業增加到了所謂「15加1」中的「1」其他經中央主管機關指定之產業看到困境。

典範轉移：以文化領軍的文化創意產業政策！

「如果消費者腦袋裡沒有汽車的概念，你問消費者想要的下一代交通工具，他們通常會回答：我要一匹更快的馬。」

——福特汽車創辦人亨利・福特（Henry Ford）

「典範轉移」（Paradigm Shift）的概念是1962年由孔恩（Thomas S. Kuhn）所提出，他指出科學演進的過程並不是演化，

而是革命。孔恩認為，科學不是從直線累積而成。過去的觀念往往是，所謂的演化，是意味著有一個恆常的真理存在，而科學是逐漸接近真理的過程。事實卻不然，科學的創新往往來自於觀點的轉變，擺脫過去的視野與思考模式，才能獲得一種全新的創見與發明。

台灣過去十年來文創產業發展的瓶頸不是資源的多寡、規模的大小、產值的高低。而是固著於傳統製造代工生產模式的發展思維。政府總認為可以透過複製過去「第三波資訊產業」成功的經驗，來扶植文創產業的發展。事實上，從製造業到文創產業的發展就像孔恩所提出的科學革命，這種轉變是一種觀念上的革命而不是經驗的累積。因此，想要在這波全球文創產業競賽中勝出，就必須要先了解遊戲規則與利基。在這場競賽中，不是追求效率、速度與產出，而是一種能擄獲人心的創新。這是一場典範移轉的革命，我們要的不是更快的馬車或更高階的電腦硬體，我們要的是一種尚未出現的存在，這才是創新的契機所在。

第 七 章
創意生態：往人才聚集的地方移動

創業是一種高風險和英雄式的活動，是經濟成長或甚至單單為了生存之所必需。……你們大部分的人會失敗、名譽掃地、家徒四壁，但我們感謝你們為這個世界的經濟成長，以及拯救他人脫離貧窮，所承受的風險和所做的犧牲。你們是我們反脆弱的來源。國家感謝你們！[1]

　　納西姆・尼可拉斯・塔雷伯（Nassim Nicholas Taleb）在《反脆弱》（*Antifragile: Things That Gain from Disorder*）書中，建議應該為所有的創業家設立一個全國創業日並且傳達上述的訊息內容。他認為創業家就是當代的士兵英雄，是讓社會集體得以進步發展的貢獻者。他以系統性的觀點來闡述世界中各種不確定、混沌、波動所具有的正面意義，當自己面對生命中的所有不確定與隨機狀況時，重要的使命反而不是「被動接受」，而是「馴化」、「征服」那些無法看見、無法確定和無以名狀、難以解釋的事物。

　　而創業家正是勇於接受各種高風險與未知挑戰的先鋒勇士，

---

[1]　納西姆・尼可拉斯・塔雷伯（Nassim Nicholas Taleb），2013，《反脆弱：脆弱的反義詞不是堅強，是反脆弱》（*Antifragile: Things That Gain from Disorder*），頁117, 119。

雖然真正能名留青史的成功創業家如鳳毛麟角，但從反脆弱的觀點來看，即便是失敗的創業經驗也是社會累積經驗與智慧的根源，是集體面對未來各種挑戰的磨練。因為在自然界中，個體的失敗往往是整體進化的主要動力。我們之所以會將創業者視為英雄般推崇，就是對他們為當代社會承受風險的補償形式，不論創業的成敗，這些人都為社會注入一股創新與改變的能量。

　　反脆弱性不但是系統生存的必要機制，也是具有生命的有機體與無生命物體之間最大的差異，「如果你是活的東西，你的靈魂深處會喜歡某種程度的隨機與混亂。」[2] 因為生命的本質就是持續變化，對完美秩序與永恆穩定的渴求只是現代化的假象，我們必須從變動、成長、混亂中感受到生命發展存在的軌跡與流動；也必須從創造的過程中獲得成就的滿足與征服的快感。《反脆弱》是對現代化的反動與批判，強調混亂、騷動的力量，否定中央集權的規劃統治，主張由下而上的政治管理機制。

　　自啟蒙時代以來，人們日趨自滿，人類改變世界的力量也持續無節制的擴張膨脹，慢慢地人們遺忘了大自然的偉大，忽略了自己只是浩瀚宇宙中渺小的存在，只是整體的一小部分。於是人

2　同上，頁95。

集體創作與開放討論成為近年來解決方案蒐集最有利的方式。
圖為一場針對居住環境設計工作坊會後共同創作的成果發表會場。

已經能取代過去的上帝與信仰，成為宇宙的中心與創造力的擁有
者。確實科學的快速發展與工業革命造就了前所未見的物質繁
榮，卻也帶來了空虛的心靈與枯竭的靈魂。當人們開始厭倦大量
標準化的商品、日復一日重複枯燥的工作、冷酷無情的社會網絡
與人際關係之後，一種嶄新的經濟模式逐漸出現。後工業社會的
來臨，揮別傳統追逐規模經濟成長的模式，人們開始找回理性之
外的動力，也逐漸重視非秩序的美麗，並且投入更多能量追求具
有生命力的創新。

逃脫古典經濟學理論的束縛

　　古典理論的自閉症，源自於假設人類沒有想法，也不與他人互動。……全面的解決之道是建立一個架構，其中的人有知識，也與他人互動，使用並創造知識。……不能把創意產業只當作一種產業，而是整個經濟創新系統的元素之一，同時也把創意工作者視為構思並促成改變的專家。

——經濟學家奈丁格爾（John Nightingale）

與帕茲（Jason Potts）[3]

　　經濟學的假設是從資源的稀有性為起點，不論是自行生產貨物與服務，或是透過市場交易買賣，我們希望得到的以及我們能夠得到的之間總是有所差距，甚至是有所衝突。如古典經濟學家密爾（John Stuart Mill）所言：「我們的慾望與需求無窮，但資源有限，因此勢必得做出選擇。這種選擇會影響我們的財富與福祉，也會影響市場乃至我們未來的慾望。」[4] 在這種邏輯思考下，競爭成為人與人之間、社會組織的基本行為模式，市場機制

3　約翰‧霍金斯（John Howkins），2010，《創意生態：思考產生好點子》（*Creative Ecologies: Where Thinking is a Proper Job*），頁59-60。

4　同上，頁29。

由供需價格調配，不管是個人與企業都成為經濟理論下追求最大利益的行動者。因此，過去半個世紀以來經濟學與企業面對成長與發展的瓶頸時，也習慣把解決之道聚焦於一次性創新，在大量生產的方式下，力求更低的成本與價格，這種模式稱為重複經濟（repetitive economy）。但事實證明，這種創新模式並不會為社會帶來更大的福祉，反而是導向更激烈的競爭與非人性化的企業管理手段。

關於創新對經濟發展的貢獻，熊彼得早在1912年就曾提出著名的「創造性破壞」理論，指出經濟發展的根本動力在於創新，創新能創造利潤也會產生極大的破壞力，創新會打破現有的經濟模式，進而創造出更好的結果。他認為創新與創造性破壞是刺激經濟景氣循環的關鍵，而創新過程中主要的靈魂人物是企業家。熊彼得的創新理論不但揭示了創業家角色的重要性，也打破過去經濟理論的靜態均衡觀點，他認為在現實世界中並不存在所謂的靜態均衡，而是持續改變的動態過程。「創造性破壞」理論也揭示了在資本主義中混沌無常的特性，是推動改變與適應的主要力量來源。[5] 這點正好呼應上述反脆弱性的意涵，納西姆·尼可拉

---

[5] 同上，頁176-178。

斯・塔雷伯在書中也曾指出：「我們傾向於認為創新來自於官僚機構的撥款、經由規劃，或者找來得獎無數的創新與創業教授（從來不曾有過任何創新）教導哈佛商學院的學生、或者聘用顧問師。這是一種謬誤──不妨看看從工業革命到矽谷的崛起，沒有受過多少教育的技工和創業家，對各種科技大躍進所做不成比例的貢獻。」[6] 事實上，創新往往不是來自於由上至下精心策劃的結果，而是由許多隨機、不確定、混亂、挫敗、甚至是現實生活中各種迫切的需求與危機所觸發形成的意外之喜。[7]

　　創新確實是未來經濟發展的出路，但絕不是重複經濟一次性創新，未來創意經濟的成長動力來自附加的象徵價值（symbolic value），有別於古典經濟學的原料與成品是具體且可計量的，創意經濟的投入與產出卻是主觀定性的（qualitative）。新的創意經濟帶來新的思維模式、新的生活型態、新的人生與社會安排。英國創意經濟大師約翰・霍金斯指出，未來創造力的核心不是產業，更不是經濟，而是一種有機、充滿活力的「創意生態」。

　　約翰・霍金斯指出今日創意經濟發展的規模與範疇已經遠遠

6　Nassim Nicholas Taleb, 2013: 66.
7　納西姆・尼可拉斯・塔雷伯對創新定義是：從面對挫敗的過度反應而釋出的過剩精力就是創新！（Nassim Nicholas Taleb, 2013: 66）

超過單一經濟領域，[8] 他認為我們應該脫離舊有的工業生產方式，擺脫產業思考邏輯，以及為創意產業列清單的慣習。我們應該把焦點轉移到創意活動上，正視人們在現實中如何借用、開發並分享構想。他以全球創意經濟的先驅英國為例，說明英國已經慢慢把重心放在獨立思考並運用本身想像力的個人與組織，並且從以產業為中心的機構轉向以人為中心的流程。[9] 人的創意並不侷限於商業與經濟，而是普遍展現在各種思考、文化、藝術創作與社會活動之中。只有狹隘的經濟學理論才會假設人的行為只有理性邏輯與經濟目的；也只有過時的工業主義意識型態才會假定人人都該是全時工作的受雇者，未來創意經濟的發展是容許人人都有發揮表現的機會，都有選擇不同工作方式與生活型態的自由與空間。[10] 因此，在創意經濟之外，我們更需要的是創意生態，

---

[8] 約翰・霍金斯指出今日創意的關鍵特色在於範疇（scope）與規模（scale）。所謂的範疇指的是創意活動的範圍，所謂規模指的是創意相關人員的數目與類別。今日創意的範疇涵蓋極廣泛的形式、貨品與服務。我們幾乎事事都需要選擇，而選擇的基礎則在於我們個人對其相關象徵價值的偏好；換言之，是在於這些事物對我們有什麼意義。推動整個經濟中新產品與新服務的力量，正是來自科技或風格創新所帶來的新意義。（John Howkins, 2010: 69）

[9] John Howkins, 2010: 51.

[10] 藝術家金貝（Lucy Kimbell）為英國藝術協會（Arts Council England）構思出「工作方式」一詞，聚焦於人們真正所思或所做之事，而不是正式的職業或在某個產業中的位置，這是一個不同的起點。（John Howkins, 2010: 56）。

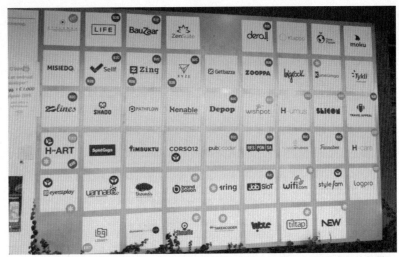

新創公司的生長週期相當快速，許多團隊都面臨公司快速關閉，快速成立的經驗，從失敗中學習站起來。
圖為 H Farm 的公司列表，其中有雪花標誌的即表示公司已經暫停，黑色天使的則是已經關閉，紅色則已經創業成功離開育成中心。

「個人創意的特質在於自主性、對新的可能抱持開放態度、持續學習，而其中蘊含一種對於潛在新秩序或是對美與和諧的追求。至於系統化特性是多樣性與合作。相較於早先強調制度化與機械化，這裡的主軸是流動性與模糊性，還有就是注意全體而非局部的浮現思想（emergent thinking）。」[11] 唯有創造一個有機循環的創意生態體系，醞釀更多元文化的創意聚落，才能讓整個人類

[11]　John Howkins, 2010: 78.

社會朝向更具創造力、擁有更多可能的開放未來。

創意生態的要素：多樣性、改變、學習、適應

「追溯現代的創意，可視為是大規模回歸量子物理學以及其中蘊含的不確定性、偶發性與相互依存性。」[12]

過去傳統工業社會以歸納法、機械論與定量分析為基礎的世界觀，受到現實發展與相關科學理論如量子物理學的興起，在本質上已經產生重大的轉變，逐漸走向以整體系統為基礎，強調相互作用、不確定性與偶發性的隨機特質。前文提到《反脆弱》與《創意生態》兩位作者分別從不同角度探討在整體系統中相互影響、不確定等隨機特質對創新活動的影響，都是受到生態學理論的啟發獲得靈感，生態學是研究生物及其環境之間的關係，著重在觀察分析環境中各種生物之間的共同生活、共生發展關係的生態系統。[13] 具有生態意識的理論不會過度依賴人為的干預與介

---

[12] John Howkins, 2010: 34.

[13] 首創「生態學」（ecology）的德國生物學者海凱爾（Ernst Haeckel），將「生態學」定義為用以描述生物彼此之間以及與外面世界如何產生關係的學問。（John Howkins, 2010: 81）而約翰・霍金斯借用此概念，融合演化經濟學、系統理論與混沌理論中的自我組織理論、人類行為與組織生態學的認知層面，建立「創意生

入，也不會放任所有物種毫無節制的侵略發展，而是一種以自然為基礎，共同達成有利於集體生存發展的最佳目標。例如，所謂「自我組織系統」（self-organizing systems）就是在沒有外部指導下，經由內部動態而使系統更趨複雜與穩定；還有「新興」（emergent）行為，指的是由整個系統而非個別部分所導致的新模式，足以體現「全體大於部分之總和」。[14]

　　強調整體並不等於貶抑個人，相反地，在創意生態中特別重視個體發展的潛力，一個理想的創意生態中個體能獲得更多的選擇自由與創新能量。如約翰‧霍金斯所言：「個人如何運用各種構想來探索並重塑自己對世界的了解，這一動態流程才是我們必須認識的重點。我們不應該把人視為經濟單位，而應視為自主性、有思考能力的個體。我們也應該採納知識的模糊性與偶然

態」（creative ecology）理論，引用生態學對系統多樣性、社群與適應等概念，進一步對整個社會文化創意活動的發展有更深更完整的理解掌握。另外，納西姆‧尼可拉斯‧塔雷伯則是從生態系統運作過程觀察到反脆弱性的作用，他指出具有變異性（隨機性）的環境，不會使我們像在人類設計的系統中那樣，受到慢性壓力的傷害。系統內部的某些部分需要具有脆弱性，整個系統才能擁有反脆弱性。「進化最有趣的地方，在於它是因為反脆弱性才能運作：它喜愛壓力因子、隨機、不確定和混亂——而個別有機體卻相對顯得脆弱，基因庫則藉著震撼以增進它的適應力。有機體需要死亡，好讓大自然具有反脆弱性，大自然懂得見機而作、冷血無情和自私自利。」（Nassim Nicholas Taleb, 2013: 100-102）

[14]　John Howkins, 2010: 32.

性。」[15] 他對個體的重視，在意義上不同於熊彼得創新理論將創新的力量集中在少數英雄般的企業家身上，也不只侷限於產業生產的面向；創意生態理論認定人人都具有不同的創意潛力，想法與知識是多元雙向流動，而非單向由核心往邊緣流動；在創意生態中，整個系統都善用創意作為資源與發展的手段，其所涵蓋的創意規模與範疇遠比創意產業所界定的更加寬廣與豐富。

　　在創意生態中，個體會彼此支持、相互學習、共享資源，這些合作共生關係才是創意生態的關鍵。「創意生態」是一個能包容多元文化的生態聚落，讓每個人都可以盡情發揮創意，並能透過系統化、適應、學習、改變等過程表達自我，落實創新的想法與具體行動。「創意生態」強調的是思考與學習的生態學，目的是形成一個能孕育創意的空間與動能，讓人們能夠持續不斷的產生構想、開發創意與交流分享。如《華爾街日報》（*The Wall Street Journal*）報導指出，越來越多美國企業，企圖讓原本公事上並不直接往來的員工，有機會展開對話，期待這種非正式的互動能擦出火花，激發下一個創意的萌芽。例如Google有幾個極為重要的產品，像Gmail和街景服務，就是在員工私下閒聊時逐漸

---

[15]　John Howkins, 2010: 42-43.

成形。因此Google在規劃總部時，便規劃縮小辦公空間以便能增加員工的碰面機率。[16]

　　約翰・霍金斯指出構成創意生態的四大關鍵要素，分別是：多樣性、改變、學習、適應。[17]「多樣性」（diversity）是創意生態的最重要特質之一，是所有差異與改變的源頭，也代表未來可能發生的變異與適應。他以農業為例，說明混作型農場或許不具備大規模單一作物的規模經濟，但彈性與生產力較高，也更具有永續性。不只是物種上的多樣性，生物學者赫胥黎（Julian Huxley）也指出文化多樣性的重要，「文化多樣性每天都讓我們擦亮雙眼，清楚見證差異存在的事實，也激勵我們勇於夢想甚至不可能的未來。」[18]

　　「改變」（change）是生命發展的基本形式，不管是透過學習或基因變異而發生的改變。而人類的改變不只是生物學上的變

---

[16]　在科技巨擘Google於2015年落成的新總部裡，每位員工最多只需1.414分鐘的步行時間，就能碰到彼此；而未來在美國軟體公司Salesforce.com，員工中午用餐時不必煩惱跟誰吃飯，透過「機器配對」，就能找到興趣相近的人一同用餐。兩間公司的共同之處都是希望提高員工私底下的互動程度。（資料出處：葉彥君，2013，〈想創新，先跟不熟同事「玩配對」〉，*Cheers*雜誌，第153期，頁14。）

[17]　John Howkins, 2010: 31.

[18]　John Howkins, 2010: 87.

化，更重要的是文化上的變遷，尤其後者對創意生態的影響更大。所有文化的傳承與轉變都必須透過學習的方式進行。因此「學習」（learning）是創意生態中重要的生存能力，威廉斯（Tennessee Williams）說過：「安全是一種死亡。拒絕新知亦復如此。停止學習，你就死亡。」[19] 韓第也主張在不確定的年代，終身學習是唯一的法則：「面對這樣不確定的年代，只有一項護身符，那就是牢牢記住，只有依靠終身學習，才能立於不敗之地，才能變中求好。」[20] 唯有透過學習才能充分利用並改變自己的生態區位，並且能處理周遭的構想、資訊與知識。學習並不是僵化制式、單向灌輸的教育訓練，而是個人化與多樣化，是為了理解而自發的學習行為。學習也和多樣性相關，生態環境中成員的差異性越大，彼此之間相互學習的機會就越多，整體學習能力也會因而提高。因此，創意生態必須透過各種方式促進彼此互動，不同資訊與經驗的分享、交流及互動是學習的必要條件。

　　創意生態的第四要素是「適應」（adaptation），是指決定人類生態運作良好的能力，適應有四種模式，分別是：模仿、社

---

[19]　John Howkins, 2010: 97.

[20]　Charles Handy, 2002, *The Age of Unreason: New Thinking For A New World*, p. 13.

群、合作、競爭。模仿是所有適應類型中，最容易也最快速的一種。社群是指互助的團體，通常具有排他性，是為了追求共同目標而形成的團體。[21] 至於合作，是指兩個以上的生物或物種有意地共居一處，並分享某種已知的特定利益。合作比互利關係更深一層，因為合作必須經過有意識地反覆學習，所以參與合作的成員之間互動關係會更加緊密、更具意義。如里比特（Charles Leadbeater）在《我們想》（We-Think）一書中所說：「大多數創意均為合作性質，即以新方式結合不同的觀點、原則與見解。創意合作的機會一直在擴增。能參與這些創意對話的人數之所以不斷上升，主要拜通訊科技之賜，讓更多人可以發聲、並且更容易相互連結。因此我們正在大規模開發創新與創意的新方法。我們可以在沒有任何組織的情況下組織起來。」[22] 另外，「競爭」也是適應的一種類型，競爭又可分為內外兩層次，內部競爭是和自己內在審美與風格標準競爭；對外則是在市場中和其他競爭對手比較，競爭會讓彼此有所差異，進而成為多樣化與創新的主要

---

21 丹麥社會學者文格（Etienne Wenger）提出類似的「實務社群」概念，這種社群藉由共通的意義聚合起來：「由於追求共同的事業，他們發展出一套通用的實務，也就是共通的做事方法以及彼此相處之道，以期達成共同的目的。一段時日之後，由此形成的實務就變成可明顯辨識的連結。」（John Howkins, 2010: 109）

22 John Howkins, 2010: 111-113.

動力。

　　整體而言，這四大要素是環環相扣、相互影響，在多樣性方面，必須注重場域內的多元人才，在數量與種類上都要多樣化；當達到某種程度的多樣性，就會影響改變身處其中的成員，一如生態系中的物種彼此影響；學習則是一種動態的演進，其中包含了創意的發想與組織的進步等；適應則是生態系的一個目標，但不是終點，其動態的包容過程，使其中個體演化出社群、模仿或合作關係，與區域共榮共存。營造這樣一個異花授粉的創意聚落，需要吸納各種文化與科學的菁華資源，除了匯流各領域的專業人才，更需要最優質尖端的基礎建設，比如高速光纖系統和強力的電腦運算服務。

創意生態──共同工作空間崛起

　　「超越創意的創意生態有賴具相當範疇與規模的多樣性、改變、學習與適應。……我們需要的地點要有最多的人、最活躍的市場、最適宜的人為環境、最廣大的寬頻網絡。那裡學習最快速、合作最容易，也有最刺激的新鮮事。」[23]

---

[23]　John Howkins, 2010: 128.

　　創意生態需要「多樣性」、「改變」、「學習」與「適
應」，在個體與集體之間需要新的平衡，既能有效整合構想，也
讓個人暢所欲言。創意生態提供集體合作、分享資源；也能包容
差異、發揮另類創意的機會與自由。在創意生態中，個體可以透
過學習與適應而自由地探索理想與改變，形成團體的目的不是順
從或權利，而是分享與合作；團體的運作不是命令與權威，而是
傾聽、表達與對話。這樣的創意生態並不是空中樓閣，而是正在
世界各地逐漸成形的具體存在，最足以代表的例子就是近年來全
球各地「共同工作空間」（coworking space）的崛起，儼然已經
成為全世界創意聚落的象徵。[24]

　　共同工作空間之起源，可追溯到1995年位於柏林的C-base，
這是全球第一個駭客社群；但真正出現co-working一詞，是在
1999年由美國一位遊戲設計師柏尼‧迪卡芬（Bernie DeKo-
ven）提出，他倡導該空間內大家彼此平等地工作[25]，是現今共同

---

[24]　「共同工作空間」是指在同一空間當中匯聚了多個創業家與多組創業團隊，甚至
　　是多家新創公司共同工作，彼此類型可能相差甚遠，這樣新興的工作空間對於創
　　新創業卻具有良好之催化效果；而創業者在工作過程中，也無形間帶動了創意的
　　區域發展。李永展，2013，〈創意城市新思維：共同工作空間（Coworking
　　space）〉，經濟部投資業務處，http://twbusiness.nat.gov.tw/epaperArticle.
　　do?id=220823555
[25]　迪卡芬提出 "working together as equals" 的概念，http://www.deepfun.com/
　　fun/2013/08/the-coworking-connection/

工作空間的先驅。2005年，Google的軟體工程師布萊德‧紐伯格（Brad Neuberg）在美國舊金山成立一個名為「帽子工廠」（Hat Factory）的共同工作網站，隨後他將他自己家裡的倉庫打造成休閒場地租給三位從事科技產業相關的工作者，接著白天也開放給其他人租用。布萊德‧紐伯格同時也是名為「市民空間」（Citizen Space）的共同工作空間創辦人，這是全球第一家「商業」（Work Only）的共同工作空間。[26] 除了自由工作者之外，也有越來越多企業選擇與陌生人分享辦公空間 ，目的不是為了省錢，而是為了讓員工接觸不同行業的工作者，以便能激發更多創意與跨領域的綜效。

這種被稱為「共同工作」（coworking）的辦公形式較傳統工作模式自由，在空間之外，也提供自由工作者與創業者創造自己社群的各種網絡資源，目前已經逐漸成為一種全球新趨勢，各種類型的共用工作空間如雨後春筍般在世界各地流行起來。2010年德國*Deskmag*雜誌出刊，其內容是專門探討共同工作所帶來的無限可能。根據*Deskmag*的統計資料顯示，2012年共同工作空間的發展平均每天有4.5個新據點誕生、有245個工作者加入這種新

---

[26] 舊金山不但是共同工作空間的發源地，也是目前為止共同工作空間密度最高的城市。

的辦公趨勢，人數成長率高達117％。至2013年2月為止，全球
已經有來自81個國家總共11萬人成為共同工作者（coworker）。
從2006年至今，共同工作空間的數目每年都以倍數增加，目前在
世界各地約有2,500個地點。[27]

　　這股浪潮從美國席捲到歐洲，西歐國家從2005年開始，包含
德國、英國與法國等，都陸續成立了區域性共同工作空間，並且
已經逐漸成為當地創意與創業人士聚集的核心。英國是歐洲地區
最流行共同工作概念的國家，特別是倫敦，不但興起了許多共同
工作空間，而且發展出針對不同需求的多樣化共同工作空間。
Google也於2012年3月在倫敦東區的科技城（科技園區）開設了
共同工作空間，名稱為「Google Campus」，主要是讓許多創業
團隊進駐，並且透過每日的聚會活動共同學習。[28] 除了英國，共
同工作空間在德國柏林也日益興盛，不僅在主要大城市，鄉間小
鎮以及大學學校中也會有共同工作空間。另外，歐洲也定期舉辦
共同工作年度會議（Coworking European Conference），分享各
國有趣的故事，探討未來的發展與可能性，這些發展趨勢都顯示

27　資料來源：陳雅琦，2013，〈不同行業Mix & Match，打造創意窩〉，*Cheer*雜
　　誌，第151期，頁14。
28　Google Campus – London http://blog.loveoffices.com/2012/12/11/google-campus-
　　london/ "LoveOffices blog", Dec 11, 2012

出共同工作空間成長的無限潛能，包括亞洲各國也陸續發展出在地化的共同工作空間。

世界各地共同工作空間的快速成長與擴張，正好驗證約翰‧霍金斯「創意生態」理論的說法。簡單來說，共同工作空間可視為創意生態的雛形，其所提供的絕對不只是物理空間，更重要的是能提供一個創意聚落平台，讓各種不同人、事、物能夠在此匯集交流、進而帶動各種創新創意發展。就如同分布全球的共同工作空間The Hub Bay Area總監Jeff Shiau所言：「*在這裡，你並不是僅是租用空間，更是創造與周遭的連結，透過你的點子快速地去創造一個社群；這些將遠遠大過你獨自工作，無論是在咖啡廳或家裡。*」[29]

共同工作空間也有別於傳統育成中心（incubator）的概念，育成中心是以產業導向的思維為主，追求擴大新創公司的數量，所推動的是類似的產業技術與經營模式，可能導致更多同質性的競爭而非異質性的合作。相反地，共同工作空間強調的是多樣化，來自不同產業的人「一起工作」，能產生開放性創新。[30]

---

[29]　G. V. DeGuzman, 2011, "Five big myths about coworking", http://www.deskmag.com/en/five-big-myths-about-coworking-169

[30]　D. Bunnell and J. Van Der Linde, 2011, "Is coworking the new incubator？" http://www.deskmag.com/en/has-coworking-replaced-the-incubator-175

下表是根據相關研究彙整出共同工作空間與育成中心兩者的主要差異：

項目	共同工作空間	育成中心
目的與使命	創造創業者的社群	關鍵技術商業化
對進駐廠商 提供服務與協助	適合一起工作的環境，開放式交流與辦公空間為主	技術及人才支援；投資或財務協助
對廠商進駐的審查準則	初步具有 創業精神與想法者	已展現經營能力者
發展關鍵	會員內、外部 人際網絡緊密程度	快速獲得資源和夥伴
營運模式	空間（通常以桌子為單位）租金、活動收入	租金、設備費用 與投資收益等
進駐廠商多元性	較高；可能來自完全不同的產業	較單一，多半以技術密集之同類型廠商為主
進駐廠商規模	較小；甚至獨自一人（freelancer）	較具規模化，通常具有一定的分工制度

資料來源：Foertsch, 2011；郭慶瑞，2001；張呈祥，2002[31]

事實上，共同工作空間要兼具約翰・霍金斯所提出「創意生態」的四大要素特質：多樣性、改變、學習與適應，才能成為創意生態的聚落。這或許可以歸功於共同工作空間本身的獨特性，

---

[31]　C. Foertsch, 2011, "How profitable are coworking spaces?" http://www.deskmag.com/en/how-profitable-are-coworking-spaces-177

張呈祥，2002，〈民間創新育成中心發展模式之研究〉，國立政治大學科技管理研究所碩士論文，台北市。

郭慶瑞，2001，〈育成中心經營模式之研究〉，國立中山大學企業管理學系研究所碩士論文，高雄市。

「注重獨立工作者的自由工作環境，卻可以提升成員與他人互動的動機、實際互動的次數與合作的習慣。」[32] 因為獨立自由所以能多元發展，「多樣性」是共同工作空間最大的特色之一，來自不同行業的工作者聚在一起，可以分享彼此的工作與生活，獲得不同的刺激、學習另類的資訊與不熟悉的市場訊息。多樣性也是激發創意的重要來源，根據*Deskmag*雜誌的調查，加入共同工作的社群之後，除了享受擴展社交圈、提升生產力的好處，許多人因此變得更有創意。蘋果公司創辦人賈伯斯曾說過：「創意往往來自於自發性的會面（spontaneous meetings）與趣聞的討論（anecdotal discussions）。你遇見某個人，問起他的工作，感到非常驚喜；很快地，你腦中充滿了各種新計畫。」[33] 共同工作空間容易產生隨機的相遇，意外的交流，進而迸發許多意料之外的創意點子。愈來愈多大企業也開始追隨共同工作的模式，包括美國最大的電信公司AT＆T、資誠聯合會計事務所（PwC）和凱捷管理顧問公司（Capgemini）等等。[34] 例如倫敦Google將辦公

---

[32] Foertsch, C. 2010, "Why coworkers like their coworking spaces?" http://www.deskmag.com/en/why-coworkers-like-their-coworking-spaces-162

[33] 陳雅琦，2013，〈不同行業Mix ＆ Match，打造創意窩〉，*Cheer*雜誌，第151期，頁15。

[34] 共同工作空間的自由程度，雖然主要吸引的進駐者以獨自創業或從事自由業的人

大樓中劃出二層做為共同工作區，目的是期待遇見更多聰明人。英國創業社群公司TechHub的創辦人兼執行長瓦莉（Elizabeth Varley）也已經加入此共同工作社群，她說：「對公司來說，尋找並取得人才是非常有意義的事。」[35]

多樣性會帶來改變、學習與適應，在共同工作空間裡人們能夠學習、成長，不只是日常生活的偶遇、隨機的對談，也有許多正式活動，例如具有啟發性的演講與分享發表會。以全台第一家共同工作空間「創立方」為例，因為結合了國立政治大學的資源，不但能提供低成本的硬體空間與設備，包括個人工作空間、

佔多數，然而這種氛圍也可能應用於大規模的公司。Dixon and Ross曾在2011年時，針對全球600間企業進行線上問卷研究，發現有62.5%的受訪企業，正在尋求新的工作方式。而目前某些共同工作空間，例如位於加州的Satellite Telework Centers與賓州的Indy Hall，便將目標瞄準了一些嚮往較自由工作氛圍的大型企業員工，透過網路相關工具的輔助，這些人可以融入共同工作空間裡的社群，但又可以在原本的企業裡工作。資料來源：http://www.regus.presscentre.com/Resource-Library/VWork-Measuring-the-Benifts-of-Agility-at-Work-Report-65d2.aspx

[35] 另外，2010年夏天，GRid70公司在美國密西根州的工業城市大溪地（Grand Rapid）成立，打造了一間與眾不同的辦公大樓。這間公司由四家知名品牌公司Steelcase（辦公家具製造商）、Meijer（大型零售商）、Wolverine（服飾鞋業）與安麗日用品（Amway）組成。Wolverine的執行長克魯格（Blake Krueger）說，不同領域的員工相互交流，以各自的專長協助彼此、共同奮鬥，將激發出「快樂的意外」（happy accident）。GRid70的工作模式被稱為「公司與公司間的分享」。他們鼓勵所有員工在不同部門活動，包括Meijer位於一樓的食品測試廚房、安麗刻意打造的無門空間、超過五十位Wolverine設計師的樣品鞋研究室，更歡迎員工到不同的休憩區「破壞」（crash）彼此的聚會。在這裡，每天都有些意想不到的新點子誕生。（陳雅琦，2013: 15）

舒適的辦公桌椅、網路、印表機、空調與會議場所；更提供許多
創業輔導與教育課程的協助，包括引進創業導師制度，配合政治
大學本身相關科系的師資，與實務界的主管，例如政大EMBA學
生、產學合作對象等資源，讓「創立方」成功吸引許多創業人士
的進駐。[36] 根據統計，創立方從2011年9月正式營運至2013年8月
為止，進駐創業團隊數量從最初的12家躍升至78家，其中有八家
公司來自於國外，整體成長率高達725%，總進駐創業家人數更
已突破150人。進駐廠商的類型多元，其中數量最多的是軟體應
用服務公司，共有24家廠商入駐，佔30.8%；其次是網路資訊科
技產業有18家，佔23.1%；另外還包括文化創意產業12家，以及
創新服務產業12家，各約佔15%；其他還有社會企業等不同產
業，總共有78家廠商入駐。由此可見，創立方不但是台灣共同工
作空間的先驅，也是相當成功的典範。

---

[36] 「創立方」成立至今，透過Mobile Monday、EMBA Tuesday、Picnic
Wednesday、Pick'n'Mix Thursday等形式，舉數五十次以上大小型分享會、演
講、座談與創投活動。社群活動內容兼具知性與感性，包含創業心態之建立、創
業老手經驗分享、創業新人問題分享、人文鑑賞能力培養、行銷管理實務、財務
（含稅務）管理實務、法律與專利實務、市場個案分析與社會趨勢分析等，甚至
邀請大型企業主管，與進駐創業家一同分享對市場之願景，創造以理念為結合前
提之創業聚落。上述所有活動皆由創立方與公企中心師資、EMBA、產學合作企
業或創投、甚至進駐創業家自身發起，已經成為常態性之活動。

食衣住行育樂醫是使用者最相關的問題，但是如何發掘洞察真正的需求則是一門大學問。

　　不過，所有的創意生態都是持續變化的系統，共同工作空間也不例外，會隨著不同參與者的加入而產生新奇有趣的變化。理想的創意生態是每一位成員都能透過不斷學習、努力適應、善用各種創意思考改變自己與系統環境，讓創意生態產生源源不絕的創意能量與活力。當然也有無法產生創造力的生產聚落，有機變化就是意味著生態系會隨著其中關鍵成員與重要資源的流動，導致整個創意聚落生態的興衰更迭。

　　但不論如何，以創意擺脫傳統產業困境並建立具有在地文化

特色的創意生態是未來趨勢。雖然目前全球共同工作空間的發展
仍以大城市為主，但有些周圍的衛星城市或鄉村地區，已經逐漸
創造出不同風格的空間營運方式。例如Gangplank是加州一個小
鎮的共同工作空間，其營運成功的關鍵，就是聚集附近低人口密
度小鎮的創意工作者共同工作。事實上，共同工作空間並沒有特
定的形式與規模，可以是小型的工廠、試驗場地，或者各式各樣
的創意聚集空間。目前在紐約、加州或者北卡羅萊納州，紛紛有
這種以小型計畫（small project）為服務對象的共同工作空間成
立。[37]

　　相對於國外的經驗，台灣共同工作空間的發展才剛剛起步，
創意生態的發展不但能培養更多區域性的創新能力，更能吸引全
世界各地創意人才的聚集。[38] 國際創意城市發展顧問查爾斯‧蘭
德利（Charles Landry）曾經指出，「台北正面臨人才流失的問
題，營造適合創意人棲息的條件，是當前急迫的考量。」[39] 而區

---

[37] G. V. DeGuzman, 2011, "Five big myths about coworking", http://www.deskmag.
com/en/five-big-myths-about-coworking-169

[38] Selada（2010）透過歐洲的個案研究發現，創意聚落的特色會與地方的歷史、文
化結合，並且透過政策的協助進一步強化，吸引更多創意人才與產業。由此可
見，創意聚落的形成也是吸引更多創意人才聚集的要件。

[39] 查爾斯‧蘭德利（Charles Landry），2012，《創意臺北 勢在必行》，頁16。

域化的共同工作空間，正可作為創意與創業工作者匯流的平台，也可以成為台灣發展創意生態的聚落基礎。

生生不息──共同工作空間的成長

「有創意的人喜歡浸染在別人的興奮與熱情之中；分享他們的失敗與成功；接近他們。」[40]

約翰‧霍金斯指出創意生態的範疇與規模，可以歸納為三個原則：「人人是有創意的」、「創意需要自由」與「自由需要市場」。「人人是有創意的」意指創意本能並不是少數人的專利，只要我們遇事能設想解決之道，有心改變或改善周遭環境，甚或創造美而採取行動者，都是有創意的。而「創意需要自由」之先決條件，便是擁有好的棲息地，讓工作者覺得自在，並讓他們自由從事最擅長的工作，同時也允許干擾與衝擊的發生；「自由需要市場」，除了前述專門探討人類的心智活動結果，同時也需要讓創意在某個地方停留與交換，經濟活動的角色就非常重要。[41]而共同工作空間的出現正好呼應了這三項原則：提供每個人創意

40　John Howkins, 2010: 27.
41　John Howkins, 2010: 207-214.

的空間與自由、融合各種資源建立一個能發揮創造力的創意生態聚落，讓個人自由、創意與經濟能緊密結合，產生更大的創造力與更多的可能性。

然而，任何生態的形成都需要時間的累積、資源的匯集，以前文所提到國內第一個共同工作空間「創立方」為例，也是經歷了「生命、生意、生態」三個發展階段。第一階段是「生命」，尋求更多樣化的成員入駐，不光只是提供共同工作空間，更重視社群的建立，提倡非正式性社交活動，將原本獨立的個體串連，將不同資源相互連結，建立共同工作空間的認同感與凝聚力，進而產生共享、共創的機會與能量。其次是「生意」，提供多樣的企業營運輔導業務，協助新創團隊能順利發展。這部分和育成中心的功能很類似，不但協助媒合創投機制，也會協助創業者進入市場，加快熟悉商業運作；一方面穩定生存，另一方面也會影響其他成員，增加彼此之間的學習與進步。「創業家擁有了營業收入，並接觸來自客戶以市場為導向的思維後，便會不斷地調整自身策略，進而產生學習與進步的動能。」[42]

---

[42] S. F. Slater and J. C. Narver, 1995, "Market orientation and the learning organization", *The Journal of Marketing*. 59 (3): 63-74.

共同工作空間的設計也需要配合工作者的需要，靈活、多變有創意。
圖為英國倫敦The Hub的辦公室，桌子用環保素材瓦楞紙拼貼而成。

　　第三個階段是「生態」，引進相關教育合作的創業社群，建立與在地社區的互動連帶，發揮學習與適應的功能。在結合現有教育資源方面，如國外共同工作空間CoCo與史丹佛大學的設計思考學院，以及Reno Collective與內華達大學雷諾分校合作之案例，都是援用學界資源與創業社群達成常態性的合作關係，讓共

同工作空間成為創業教育的一環。[43] 另外，關於發展在地脈絡部分，共同工作空間應該和當地居民維持良好的互動交流，用創造力改變自己周遭的環境。例如美國德州的共同工作空間Geek-dom，創業家便提供回饋當地社群的課程計畫，例如網頁與程式設計等，而這些與其接觸的社群，也需要年輕人的創意來尋求現有問題的突破。[44]

　　變化、不穩定與未知，是所有生命體發展必須面對的挑戰，可能是危機也可能是賦予創新能量的契機。共同工作空間的崛起與蔓延，顯示其作為創意生態聚落的可能，但任何創意生態的發展是複製與模仿不來的，必須從在地扎根，因應當地生態聚落的特色、經過日復一日的交流激盪，逐漸發展而成獨一無二、與眾不同的生態體系。雖然這幾年台灣北中南各地都陸續出現共同工作空間，但真正能發展成為創意生態聚落的例子並不多見。探究其主要原因往往是創辦者並不了解共同工作空間存在的真正價值與意義，有些是採用商務中心的經營模式，只是單純提供辦公空

---

[43]　J. Stillman, 2012, "Coworking spaces team with universities to bridge the gap between classroom and practice", http://gigaom.com/2012/04/16/coworking-spaces-team-with-universities-to-bridge-the-gap-between-classroom-and-practice/

[44]　C. McAnsh, 2013, "Coworking and education – a wise partnership", http://austingcuc.com/2013/coworking-and-education-a-wise-partnership/

間與相關硬體設備，並沒有提供創業相關的軟體資源，包括課程與人際網絡交流等；有些則像是創投公司的微型實驗室，專門提供特定熱門產業的新創團隊入駐，雖然提供創業資金與經營輔導，但仍和育成中心一樣受限於產業發展思維的框架，忽略了多樣化的組成是培養創造力的關鍵。除此之外，由創投設立的共同工作空間通常追求規模與數量，很少考慮到創意生態是具有在地性，需要經過長期互動學習適應而成，成長必須是為了不同的目的而有許多不同的結構、規模與數量。有些共同工作空間又像是學校社團的放大版，雖然提供許多社交活動與交流平台，卻無法匯聚真正具有創業想法與創意能力的人才，因此也無法形成具有影響力與經濟價值的創意生態。

　　台灣共同工作空間的發展還有一段很長的路要走，每一個生態體系的成長都會遇到許多挑戰，可能是初期創業失敗率高導致整個系統的收入不穩定，或者是經營初期的效益無法具體量化而備受質疑；更重要的是「人」的問題，在創意生態中最關鍵的要素還是人，是否能吸引到對的人，提供適合的創業資源與學習網絡，也是創意生態是否能持續成長的關鍵。隨著共同工作空間的數量逐漸增加、各自穩定之後，還需要更一步建立彼此之間的連通網絡與互動交流活動，讓創業家可以擁抱自由卻不孤獨、可以遭遇失敗卻不至於粉身碎骨。共同工作空間可視為未來組織結構

與工作型態的縮圖，也是我們面對未來不確定年代的可能出路。

對於未來，我們可以有更多的選擇與想像，正如管理哲學大師韓第所言：「這個世界不必一定是競爭性個人主義，它可以是多樣化個人主義（varied individualism）。我們可以選擇與眾不同，不見得要出類拔萃；大家都是贏家，不必是贏家全拿；我們可以自己選擇贏家的定義。多樣化可以是不同且都被接受的生活方式，而不是不同的競賽。」[45]

從共同工作空間的誕生與發展，我們看到的不只是一種新的組織型態與工作模式，也是一種新的世界觀，是一種尊重自然、學習謙卑、以人為本、共生合作的處世態度。

---

[45] 查爾斯‧韓第（Charles Handy），2011，《大象與跳蚤：預見組織與個人的未來》（*The Elephant and the Flea: Looking Backwards to the Future*），頁275。

附錄　獨立工作者的新生活運動──
　　　不必要的孤獨

原載《工商時報》2013/9/4

離開許久之後回到台灣長住，觀察這島嶼上的種種變化讓我產生了一點感觸，在這塊小土地上的生活氛圍很容易產生二元對立的困境，從政治上意識型態的對立、經濟上保護主義與自由主義之間的拉扯、甚至是社會體制下個人自由與集體秩序的失衡，充斥媒體間的言論不是過於激情、缺乏理性分析的情緒用語，就是過於功利、缺乏同情體諒的傲慢批判。

台灣的人們，始終找不到和諧共存的方式。

在國外居住二十多年的經驗，讓我更意識到台灣的問題不是必然，不論從地理位置與歷史經驗來看，台灣的對立紛爭都不該是命定、非得如此的結果。英國和台灣一樣是島國，卻能成就幾世紀領導世界文明的盛世，英國人很清楚知道，正因為自己處於歐洲大陸之外的離島，所以更要小心地面對所有的異見，用更廣闊的高度來與整個世界接軌。

許多議題是能有更圓滿的解決方式，只要我們用更理性、包容的心去看待世界、對待彼此，就會發現世界上看似相悖反的價值卻可以不以對立的融合一體，自由與秩序、理性與感性、個人與集體，這些從來不是二元對立的關係，而是始終共生共存的集合。在一個複雜的社會裡，個人自由是來自於集體秩序的確立；所有理性都是達成感性目的之手段，只有在一個充分信任的和諧社會中，個

人才會對未來有希望。

　　然而，這些簡單的道理，似乎在一個意識型態對立的政治體制結構中並不管用，因為政治權力的穩固來自於派系的建立與擴張，想要用政治手段解決對立與衝突，無異是緣木求魚。所以我們只能從經濟生產模式與社會層面著手。

　　所幸，創意時代的來臨，帶來了轉變的契機。

　　創意已成為下一世代的發展動力，徹底轉變過去的經濟生產模式與社會關係，台灣正走出傳統工廠制式化的生產模式，邁向以創新為主、結合在地文化的創意經濟之路。這條路並不寂寞，西方各國先行許多，也累積了許多足以借鏡的寶貴經驗。創意經濟的發展，不但瓦解了傳統的雇傭關係、顛覆了人們的生產方式與工作習慣；也創造了新的工作機會、自我實現的方式、人與人之間的交往模式與互動關係、還有新的組織型態與創意聚落的出現。

　　「Coworking space」（共同工作空間）存在於英國已有一段好長的時間，它是因應創意經濟興起而出現的新形態工作空間，是自然有機生成的微型創意聚落，這些聚落提供了不願留在體制內的創新工作者一個歸屬，人總是需要有伴，獨立卻不一定要孤獨，「共同工作空間」提供這些獨立工作者一個自由呼吸、溫暖打氣的家園。

　　個人從英國回台工作短短二、三年的時間，有幸能夠致力於耕耘創意聚落，近期看到稍有成績，讓台灣陸續出現許多類似Co-working space繁花盛開，可惜的是，能夠長久經營的寥寥可數。到處打著Coworking space的店家，就像葡式蛋塔熱潮稍縱即逝，個人

認為，不加思索內涵、只取表層模仿別人的成功經驗，當然無法持久。

從英國的創新經驗可知，創新必須立基於深厚的文化基礎上，他們之所以能夠創造出風靡全球《哈利波特》的風潮，甚至讓全球知名創投家杜瑞普（Tim Draper）從中獲得靈感，決定在美國矽谷興辦一所與眾不同的創業魔法學校。

反觀台灣，大家只是一窩蜂出國見習、回國抄襲，在無法改變思考模式之下，就無法掌握關鍵核心要素。外在的形式容易複製，空間形式容易模仿，但精神是無法移植的！創意聚落的精神在於「人」，是一群充滿理想與獨立工作能力的創業家共同創造的家園。

體制外的獨立工作者，不該有英雄崇拜，沒有偶像、沒有派系鬥爭，只有許多具有奇思怪想、滿懷理念的創意工作者，專心致力於讓自己更趨完全的驅使下，能獨立自主也能尊重彼此，是這些朋友相互合作的精神賦予空間靈魂與生命，也是這些朋友讓我看到台灣未來美好的希望。

第 八 章

面對世界：
創業就是一種溝通

推銷比我們所想的還要急迫、重要，而且美麗──以其特有的美好方式。有能力說服他人，讓他們交換我們提供的東西，對於我們自身的生命與幸福來說至為重要。這種能力讓我們這個物種能夠演化，提升了我們的生活水準，也讓我們每天的生活更美好。推銷能力並非為了無情的商業世界而發展出的某種不自然適應，而是我們生來就是會推銷。……銷售就是人性。[1]

創業，是個人與組織對內與對外所進行的溝通，透過各種行銷策略觸發自己內在與外在世界改變的過程。對內溝通，創業是來自於追求自己內心的理想與自我實現的慾望，是創業家與內在自我不斷進行溝通權衡的具體行動。對外溝通，創業是個體與組織和外在世界溝通的努力，試著說服他人與世界接受新的觀念、產品服務以及態度，進而產生改變的行銷過程。行銷就是個人與組織對內對外進行溝通的方式，也是決定創業成敗的關鍵。

網際網路的興起與創意經濟的來臨，不僅改變了傳統企業的生產模式、組織型態、空間規劃、管理方式與創新原則，更重要的是顛覆了傳統行銷策略與品牌概念。行銷學大師科特勒在2011

---

[1]　丹尼爾・品克（Daniel H. Pink），2013，《未來在等待的銷售人才》（*To Sell is Human: The Surprising Truth about Moving Others*），頁16。

年出版《行銷3.0：與消費者心靈共鳴》一書中提到，人類社會在過去半個世紀以來，行銷概念經歷了三個重要的轉折，從1950～1960年代以產品管理為核心，演變到1970～1980年代以顧客管理為核心，在1990～2000年代則加入了品牌管理的訓練。行銷概念已經從產品導向（行銷1.0）轉換成消費者導向（行銷2.0）；隨著新資訊社會的來臨，因應環境的巨大變遷，行銷概念再度演化，企業的關注焦點從產品、消費者擴展到與人類生存有關的議題。因此，在行銷3.0時代，企業將從消費者導向轉變成人性導向，更重視企業社會責任而非一味追求獲利的極致。[2]

　　創業也經歷了類似的發展轉變，早期創業家只著重生產端的產品與服務開發，逐漸發展到重視消費端的需求與滿足，並且進一步開始重視建立企業的核心價值；行銷策略也從過去講求科學理性的市場調查分析轉向感性的訴求，如《紐約時報》所述：「過去這五十年來，經濟的基礎結構已從生產轉為消費，更從理性的這一端邁向慾望的那一岸，從客觀趨於主觀，達到心理層面的意涵。」[3]

---

[2]　科特勒（Philip Kotler），2011，《行銷3.0：與消費者心靈共鳴》（*Marketing 3.0: From Products to Customers to the Human Spirit*），頁54。

[3]　馬克‧葛伯（Marc Gobe），2011，《感動：創造「情感品牌」的關鍵法則》（*Emotional Branding: The New Paradigm for Connecting Brands to People*），頁6。

因此各種強調情感行銷、體驗式行銷、同理心行銷等以人性為主的行銷策略日益興盛。如世界知名品牌行銷公司Desgrippes Gobe的創辦人與前執行長馬克·葛伯（Marc Gobe）提出二十一世紀成功的關鍵在「情感化品牌」，情感層面是指品牌如何連結消費者的感官與情緒，讓品牌更具有生命力，並且能與顧客發展出長久且深刻的聯繫。躍升創意顧問公司（Jump Associates）的執行長戴夫·帕特奈克、彼得·莫特森在《誰說商業直覺是天生的：有些產品和服務就是超有fu，怎麼辦到的？》一書中亦主張，培養「同理心」是企業組織面對未來挑戰的致勝關鍵，唯有具備「感同身受」的同理心，才能善用我們天生就安裝好的天線，感受周遭的世界，並且仰賴直覺做出更好的決定。

除此之外，創意經濟與網路時代模糊了行銷與消費兩者之間的界線，科特勒曾提到這點：「我們堅信現在該是終結行銷人員與消費者這種二分法的時候。消費者應該明瞭，當他們在日常生活中試圖說服其他消費者時，就是在扮演行銷的角色。每個人都同時是行銷人也是消費者。」[4] 抱持類似觀點的還有知名趨勢作家丹尼爾·品克，他提到未來每一個人都是行銷員，不管是傳統

---

[4]　Philip Kotler, 2011: 65.

創業家需要與團隊不斷的溝通，才能夠深化對於產品的論述與精要。
圖為設計工作坊使用者訪談後的收斂情形。

行銷或「非銷售的銷售」[5]，我們身處在一個人人都是行銷者也是消費者的時代。尤其是隨著資訊科技而興起的小型創業熱潮，一旦大部分的人開始為自己工作，成為創業家之際，同時也必須變成了全方面的銷售員。創業家絕不可能只專精於單一事情，因此創業家所做的每件事情幾乎都是行銷與溝通。丹尼爾‧品克直

---

[5]　丹尼爾‧品克指「非銷售的銷售」是不涉及要求他人購買的銷售，但工作內容也涉及影響他人，試圖說服他人，包括教導、指導、訓練、服務等等。（Daniel Pink, 2013: 36）

言：「一名小型創業家過的生活，不可避免每件事都與說服他人密切相關。」[6] 在新時代裡每個人都要努力透過各種方式影響他人，因此「一個充滿創業家的世界就是銷售人的世界。」[7]

行銷溝通的關鍵──人性

「沒有天生的推銷員，因為我們都是天生的銷售人。因為我們是人，每個人都擁有推銷直覺。也就是說，每個人都能掌握影響他人的基本方法。」[8]

以情感為訴求的行銷策略基本上都相信未來行銷者與消費者並不是截然二分的對立，行銷已經不是專屬於某些廣告公關職業的特殊才能，而是每個人都必須具備的求生技能，是未來社會溝通的根本方式。雖然不同專家顧問各別從不同角度與觀點提出行銷溝通方式的建議，但強調以人為本的價值作為行銷溝通的核心關鍵，卻是不約而同的共識。

以丹尼爾・品克為例，他將行銷定義為影響他人的力量，並

---

[6]　Daniel H. Pink, 2013: 43.
[7]　Daniel H. Pink, 2013: 48.
[8]　Daniel H. Pink, 2013: 89.

且從科學理論與藝術創新觀點，歸納出能影響他人最重要的三項人格特質：調頻、浮力與釐清（Attunement, Buoyancy, and Clarity）。「調頻」，就是讓自己能與個人、團體及環境和平共處的能力。調頻所指的是「觀點取替」，能踏出自身經驗的限制，想像另一個人的情緒、觀點與動機。「浮力」，是指在被排拒的大海中能一直浮在水上的能力，象徵勇敢堅決以及正面迎向未來的態度。「釐清」，是指幫助他人用更具啟發性的新視野看待自身處境，並且找出自己之前未曾察覺的問題。丹尼爾・品克認為能夠影響他人的能力關鍵在於找出問題而非解決問題，說服他人最有效的方法，就是找出連他們自己都不知道的挑戰。

好的行銷必須先意識到自己要溝通的對象也是活生生的人，和我們具有相同的人性，是充滿各種理性計算與非理性情感的綜合體。如果我們只看量化的數據或事實，是無法掌握現實生活中的真實經驗和人與人之間各種微妙的關係。我們都知道帶有情感共鳴的經歷，往往比理性的觀點更能打動人心、影響更為久遠。因此，行銷溝通的關鍵是「以人為本」，從人性共同的需求著手，發掘出普遍存在每個人內心那股想要改變世界的慾望與動力，「我們人類和其他生物不同之處，在於我們有理想，也有藝術才能——我們希望改善這個世界，提供世界缺乏而尚未發覺的東西。我們在影響他人的同時，不需要忽視人性中這些較為高貴

的面向。自始至終我們要記得一件事：銷售就是人性。」[9]

　　馬克・葛伯在描述成功的企業時，也提到這些企業所關注的重點都與「人」相關：「你如果能與亞馬遜網路書店的員工聊到工作，你將發現他們所關注的都是和人、服務、購物流暢度、價格與人文聯繫有關的話題。」[10] 馬克・葛伯認為情感化的行銷策略之所以能夠成功的關鍵還是在於能掌握人性，因為人類自然而然會產生和生活經驗有關的情緒反應，也會理所當然地將情感價值觀投射到周圍的物件上。

　　另外，戴夫・帕特奈克與彼得・莫特森則是宣揚將每個人都具有的「同理心」應用在商業活動上，讓人們可以對身邊的人事物有更多的觀察與理解，進而依賴直覺做出對自己與組織更好的決策。「當我們對所處世界有了親身的、將心比心的接觸時，就能看見別人看不到的機會。……所有組織只要善加利用一種人人早就具備的能力──跳脫自我、與他人『產生關係』的能力──就能成功。」[11] 同理心是理解人類行為動機的前提，也是了解人

---

[9]　Daniel H. Pink, 2013: 277.

[10]　Marc Gobe, 2011: 12.

[11]　戴夫・帕特奈克與彼得・莫特森（Dev Patnaik and Peter Mortensen），2010，《誰說商業直覺是天生的：有些產品和服務就是超有fu，怎麼辦到的？》（*Wired To Care－How Companies Prosper When They Create Widespread Empathy*），頁

性本質的基礎，更是人與人之間達成良好溝通交流的關鍵。

　　而科特勒則從更大的集體層面來分析行銷概念的轉變，他認為未來消費者是具有思想、情感與精神的完整個體，他們所追求的是有歸屬感與認同感的社群經驗。因此，成功行銷的前提是認清未來社會發展將會朝向認可共同創作（cocreation）、社群化（communitization）與建立個性（character）的趨勢。[12] 簡單來說，科特勒認為從生產過程的共同創作，到建立具有凝聚力與向心力的社群歸屬，進而打造出有個性的品牌精神，是未來行銷的核心概念。

　　他提出行銷的最高境界是三個概念交互共鳴：品牌認同、品牌誠信與品牌形象。[13] 行銷必須清楚定義企業獨特的認同，並且具體落實以強化品牌誠信，最終打造出強大厚實的品牌形象。行銷的目的不只是增加產品的銷售量或提高產值，而是找到消費者

16。例如主張「以人為本的設計」，IDEO所提出的模擬訓練也是以重建我們對他人的自然同情心為目的的。

[12] Philip Kotler, 2011: 66.

[13] 品牌認同（brand identity）是在消費者腦中清楚定位品牌，應該要獨一無二，並且與消費者功能性需求和情感慾望相關；品牌誠信（brand integrity）是要實踐品牌在定位以及差異化中所做出的承諾，這攸關品牌的可信度；品牌形象（brand image）是要在消費者情感中佔有重要的位置，品牌價值必須超越產品的功能與特色，訴諸消費者的情感需求與慾望。（Philip Kotler, 2011: 75-76）

情感與心靈上的需要渴望，並且與之產生共鳴，如科特勒所言：
「行銷3.0就是要行銷深植在企業使命、願景與價值中的意
義。」[14] 科特勒所提出新的行銷模式也被稱為「行銷中的人本主
義」，著重人性的價值，強調人是具有思想、理念、懂得追求文
化意蘊、心靈美感的全人。

　　由此可見，未來行銷溝通的方式已經不再只是冷冰冰的市場
調查與數據分析，而是轉向探索人性的努力。所有以人為本的行
銷策略都是希望解開人性靈魂的基因密碼，從共同的人性出發、
靈魂的原型著手，看見人性共同的焦慮、慾望與動機，找出人們
存在的價值與意義，這是未來行銷溝通與創業投資的必然趨勢。

創業家的品牌——尋找意義、發現價值

　　「人類拿燙得發紅的烙鐵在牲口身上做記號以彰顯個人的所
有權，已經有四千年以上的歷史了。每一個烙印背後都有一個真
實的故事，可能是悲劇、可能是喜劇、或者是浪漫愛情故事，但
我們最常看到的，卻是希望的宣言。」[15]

---

[14]　Philip Kotler, 2011: 89.

[15]　引自歐任・阿諾（Oren Arnold），《火裡的炙鐵：牲口烙印學》（*Irons in the Fire: Cattle Brand Lore*）。（黛比・米曼〔Debbie Millman〕，2013，《品牌這

　　「品牌」（brand）這個字源自於古諾爾斯語（Old Norse）的「brandr」，意思是「以火燒炙」，帶有烙印、標誌以凸顯差異的功能。[16] 這個字從十一世紀的北日耳曼語系起源發展至今，已經成為我們日常生活中不可或缺的文化圖騰，「品牌」不只具有功能性的標誌用途，更重要的已經成為人類社會行為意義和價值的象徵。

　　如果說行銷是創業家對內對外溝通的手段，那品牌就是創業家創造累積的文化資產。一個成功的品牌，不只是作為企業形象或產品服務品質的保證，更重要的是，成為一種嶄新的文化品味與生活方式的象徵。如瑪格麗特・馬克與卡蘿・皮爾森提到，「價值連城的品牌不光是因為這些品牌具備了創新的特徵或優點，也因為這些特質已經被轉變為強而有力的意義。它們已經擁有一種普遍且巨大的象徵意義。」[17]

　　人們追求品牌的動機看似千奇百怪、五花八門，然而根本原

様思考》〔*Brand Thinking*〕，頁8）
[16] 資料來源：Debbie Millman, 2013: 9.
[17] 瑪格麗特・馬克與卡蘿・皮爾森（Margaret Mark & Carol Pearson），2002，《很久很久以前……：以神話原型打造深植人心的品牌》（*The Hero and the Outlaw: Building Extraordinary Brands through the Power of Archetypes*），頁21。

因還是脫離不了人性最根本的需求，和人們尋求認同與歸屬的渴望息息相關。國際知名品牌顧問公司設計部門總裁黛比・米曼（Debbie Millman）就曾指出：「科學家和人類學家普遍認為人類在本質上是一種群居動物，我們在團體當中會覺得比較有安全感，或許我們對於品牌、或被品牌化的追求，是來自於我們渴望產生連結的本性。」[18] 設計師尚恩・亞當斯（Sean Adams）也如此認為，他說：「品牌是一種符碼，讓人家知道：我是屬於這個社群的。這是我的部落、這是我的信仰。」[19] 除此之外，知名作家丹尼爾・品克也提到，品牌是具有歸屬感的表現與強烈的部落行為。雖然他在《未來在等待的銷售人才》一書中並沒有將行銷與品牌直接連結起來，但他在接受黛比・米曼訪問時曾提到自己對品牌的看法與界定，他說：「品牌就是一種承諾的交換，而品牌的吸引力來自兩個關鍵要素：它們的實用性──它們是否能夠發揮功能或實現某些目的──以及它們的意義──也就是品牌在個人與物件之間產生的關連程度。」[20] 他認為這種品牌承諾的交換可以帶來一種認同與歸屬的滿足，他說：「品牌承諾的好處是

18　Debbie Millman, 2013:10.
19　Debbie Millman, 2013: 248.
20　Debbie Millman, 2013: 260.

從我們與品牌的關連性和歸屬感而來。我們可以利用它們來投射出我們希望自己在這個世界被如何看待。」[21]

　　基本上這些看法都是以馬斯洛需求理論為基礎，認為一旦人們基本的物質生活獲得滿足，其所需要的長期快樂便是建立在更高層次精神層面上，例如擁有更深刻的人際關係、信仰超越自己的更大力量、以及從事自己喜愛且具有意義等自我實現的活動上。當現實世界越趨向個人主義、社會日益分化，我們就越需要歸屬感與認同，並與社會產生連帶。品牌具有很強的凝聚力與整合性，可視為是個人與社會之間的連結與自我認同的延伸。不過，丹尼爾‧品克對品牌並非抱持完全正面樂觀的態度，他特別強調我們不能過度依賴品牌來決定人生的高度與生命的意義，「假使一個品牌做出了這樣的承諾──只要你買了它，你就會對自己感覺更好──這是虛假的承諾。」[22] 他認為這種虛假的承諾是品牌的黑暗面，讓人們以為只要購買這個品牌自己就能提升，但物質性的品牌體驗終究只是炫耀外在的物件，無法讓人獲得實質根本的滿足。對於消費者而言，必須認清品牌雖是自我認同的投射，但卻永遠不能取代自我；品牌是企業組織、個人、社會集

---

[21]　Debbie Millman, 2013: 266.
[22]　Debbie Millman, 2013: 269.

體之間的對話與交流，是集體參與的文化展現，品牌存在於每一個人心中，卻不會專屬固定於任何一方。

有別於從消費者的角度分析品牌的意義，科特勒更偏重於企業組織的品牌使命，他認為企業品牌的使命是找到一個全新的觀點，可以改變人們的生活。他提出構成良好品牌使命的三大要件：創造（非比尋常的生意）、傳播（感動人心的故事）、實踐（提升消費者力量）。[23] 簡單來說，企業需要創造具有差異性與定位的產品或創意點子，並且能以感動人心的故事，將品牌使命宣言傳達給消費者。但品牌真正能發揮影響力的關鍵是消費者的參與，如科特勒所言：「在行銷3.0中，一旦品牌成功時，你就不再真正擁有這個品牌。」[24] 因此，在行銷3.0時代提升消費者力量變得十分重要，尤其在網路時代裡，消費者的意見遠比官方廣告更具影響力。例如在亞馬遜網路書店，我們更喜歡閱讀其他讀者撰寫與推薦的書評；在eBay網站上，我們也會參考使用者評價買家與賣家來決定購買行為，並且也會留下決定對方聲譽好壞的評論。

無獨有偶，行銷大師大衛・伍爾夫（David Wolf）也曾有過

---

[23] Philip Kotler, 2011: 97.
[24] Philip Kotler, 2011: 95.

相同的看法：「真正顧客導向的行銷，必須由顧客來定義品牌。在法律上，企業是可以擁有品牌，但實際上消費者才是真正的品牌擁有者。」[25] 消費者的參與並不減損企業經營品牌的主動能力與重要性。確實，顧客不可能只是完全被動接受的客體，企業也不可能完全掌握顧客體驗產品或服務的態度與想法，即便如此，品牌還是企業最有效的溝通工具，最能發揮影響與啟發他人的力量。但先決條件是企業必須找到自己的核心價值，並且能堅持到底。繫鍊創意公司（Tether）創意長，也是星巴克前全球創意副總裁史丹利・漢斯沃茲（Stanley Hainsworth）曾指出，許多企業在追求品牌過程中迷失了方向，他說：「為了要讓品牌重新找回它們的精神，企業必須做的就是回歸它們的核心價值。」[26] 品牌是一致的且持續性的意義展現，他認為品牌行銷不能偏離品牌的主要本質，微軟之所以無法創造出能與蘋果電腦抗衡的品牌力量，就是因為它從來不曾好好訴說自己的品牌故事。只要品牌能深入人心，讓消費者與之產生共鳴，並和自我形象融合為一，自然就可發揮深遠的影響。這正是瑪格麗特・馬克與卡蘿・皮爾森

---

[25] 詹姆斯・吉爾摩與約瑟夫・派恩（James H. Gilmore and B. Joseph Pine II），2008，《體驗真實：掌握顧客的真正渴望》（*Authenticity: What Consumers Really Want*），頁184。

[26] Debbie Millman, 2013: 147.

原本已經被丟棄的木刻字版，重新找到了新的生命。
圖為英國倫敦柯芬園的一家攤商，販售舊的海報印刷的版面字體。

主張用原型理論作為品牌管理基礎的理由，因為「最好的原型品牌的最重要條件就是，它能夠滿足並實現基本人性需求的原型產品。」[27] 好的品牌能夠掌握人類內心普遍的動機與渴望，品牌的影響不僅只是改變人們的消費行為，甚至能帶動更大規模的社會創新與集體文化的變遷。美體小舖（THE BODY SHOP）堅持綠色環保的理念，相信唯有回歸自然才能獲得美麗，該品牌已經成為社會運動的代表；迪士尼（Disney）的使命是「帶給人們歡

---

[27] Margaret Mark and Carol S. Pearson, 2002: 40. 所謂的原型是指全人類共同擁有、超越時間、空間和文化等表面差異的共同心理遺產。原型基本上都反應出我們內心的實相與掙扎。（Margaret Mark and Carol S. Pearson, 2002: 47）

樂、提供最好的家庭娛樂」，也成為理想家庭的象徵；維基百科（Wikipedia）代表一種新時代的組織形式——「協同合作」的象徵，eBay則是用戶自治的象徵等等。

不過，一旦企業組織背叛品牌承諾，也會對企業內部與外在形象和認同造成毀滅性的傷害。因此，企業組織和個人與社會之間的真實和信任成為打造成功品牌的重要基石。所謂的真實並不是產品或服務上的品質，而是指企業與消費者之間的自我印象是否一致、達成共鳴。如瑞吉納・本迪克斯（Regina Bendix）在《尋求真實性》（*In Search of Authenticity*）中所說：「真實性並非來自於對某一他者（Other）做設定範圍的分類，而是來自於對自我與他者之間、外在與內在存在狀態之間的深刻探究。祈求真實即是承認人的脆弱，而將自我的渴望慢慢融入對象的形塑過程中。」[28] 消費者把與自我印象一致的對象，也就是和自己對真實、象徵及內心渴望的種種認知層面一致的商品，看成是真實的；相對地，那些不一致、無法產生共鳴者，則被視為不夠真實。這也是知名管理顧問詹姆斯・吉爾摩（James H. Gilmore）與約瑟夫・派恩（B. Joseph Pine II）在《體驗真實：滿足顧客

---

[28] James H. Gilmore and B. Joseph Pine II, 2008: 37.

的真正渴望》一書中所指的「真實性」，即是與消費者自我形象一致，是一種「讓自己以個人化方式參與其中而難以忘懷的活動」[29]，這種真實性在創意經濟時代更為重要，消費者渴望在更自然、不做作的情境下，獲得主動、真實與共同參與的體驗。放眼望去，幾乎所有成功的品牌故事都具有感動人心的真實性，如舉世聞名的派克魚舖（Pike Place Fish Market）的經營者橫山（John Tokoyama）提到，所謂舉世聞名的意義是：「真心與一般人在一起，將顧客當成真實的人。不要用做生意的態度與人互動，而是在當下，個人對個人地，用心與他們相處。⋯⋯成功不是如法炮製，而是發現自己的方法，不要做我們正在做的，必須更像你自己才行。做你要做的事，那將創造出你自己的方式。我們成功的祕訣就在我們承諾要做到我們所說的那個樣子，言行如一。你的挑戰是，『真正做到』你想要成為的那種人。」[30]

這種品牌力量無法複製也難以偽裝，而未來企業成功的關鍵就在於能否打造出獨一無二且恆久一致的品牌，這也是企業的核心價值。品牌不只是抽象的口號、理念或符號，而是企業長期努力實踐的產物，是公司與消費者共同參與建立而成的文化資產與

---

[29] James H. Gilmore and B. Joseph Pine II, 2008: 30.

[30] James H. Gilmore and B. Joseph Pine II, 2008: 285.

價值象徵。

　　品牌，是我們這個時代的傳奇故事，具有神話的魔力與特質，讓集體能超越時間、空間的限制以獲得認同與歸屬。透過符號和標誌進行溝通與傳遞，是我們信仰、歸屬與自我認同的投射和寄託，不但可以賦予世界更豐富的意義，還能更了解自己。品牌，讓個體與他人和整個世界產生連結；我們透過品牌尋找生活的意義與生命的價值，也藉由品牌傳遞自己所認定的意義與價值，並且用自己的生命經驗來訴說與編織每一個不同品牌體驗的傳奇故事。

故事是全世界共通的語言

　　「我們是從故事來體驗世界。……故事就是我們為發生在我們身上的事所賦予的一些意義。當我們召喚它們的時候，它們就會讓原型（archetypes）浮現出來。原型會提醒我們什麼是永恆的真理，同時也指引我們走完這一生。」
　　——COLLINS品牌顧問公司董事長兼創意總監布萊恩‧柯林斯（Brian Collins）[31]

---

[31]　Debbie Millman, 2013: 147.

　　著名的編劇家羅伯特・麥基（Robert McKee）曾提出說服
他人有兩種獨特的方式：一是採用有事實根據與數字的組合來表
達想法，並與他人進行知識性的討論；另一種是用動人心弦的故
事來包裝想法，挑動人們的感情。[32] 簡單來說，就是理性或感性
兩種途徑，不過哲學家大衛・休謨（David Hume）早就說過
「理性是感性的奴隸」，真正能打動人心的方式永遠得訴諸感
性。柏克（Edmund Burke）也在《崇高與美的哲學探索》（*A
Philosophical Inquiry into Our Ideas of the Sublime and
Beautiful*）中提到，「人類並非像空白黑板一樣等著被教育澆
灌。不論是與生俱來或養育使然，他們都有某種偏好、情感，以
及厭惡。『在理解判斷尚未決定是要加入或對抗之前，感覺與想
像已抓住人的靈魂。』」[33] 故事可算是人類歷史上最古老的溝通
與說服工具，如耶穌和穆罕默德用故事指導人們的生活，史前時
代的穴居人用圖畫故事提升他們的地位。[34] 但隨著理性化的發

---

[32]　Philip Kotler, 2011: 103.

[33]　大衛・布魯克斯（David Brooks），2012，《社會性動物：愛、性格與成就的來源》
　　（*The Social Animal: The Hidden Sources of Love, Character, and Achievement*），
　　頁315。

[34]　資料來源：安奈特・西蒙斯（Annette Simmons），2004，《說故事的力量：激
　　勵、影響與說服的最佳工具》（*The Story Factor: Inspiration, Influence and
　　Persuasion Through the Art of Storytelling*），頁48。

展，故事逐漸被科學數據分析所取代，直到最近幾年工業化經濟
發展模式碰上瓶頸，創意經濟與網路時代興起帶動社會轉型，我
們才慢慢擺脫了理性機械思維的束縛，訴求情感的故事又重新復
甦，成為當代最具影響力的傳遞工具。[35] 然而，故事並不是要完
全取代理性分析思維，而是能釋放人們的想像，勇於開創不同的
未來。尤其在以人為本的組織藍圖中，說故事更成為當代企業不
可或缺的關鍵技能，故事不但可以傳遞組織的願景、理念，對內
凝聚員工的認同與向心力，更適合用於溝通變革、激發創新。對
外行銷溝通上，一個感動人心的好故事可以深深影響人們對新事
情的觀點、詮釋與態度。如前文中科特勒就指出品牌使命需要透
過故事作為傳遞的工具；丹尼爾‧品克在評量品牌成功與否的標
準上也提到故事的重要：「看看這個品牌是否生產出讓消費者感
覺良好的產品、是否帶給消費者連結感、以及背後是否有引人入

---

[35] Hopkinson & Hogarth-Scott（2001）回顧行銷研究對「故事」（story）一詞的
用法，發現共有三種對故事的定義：1）故事是事件的事實性報告。2）故事是神
話（myth），其描述的事件是經過說故事的人解釋之版本。3）故事是敘事（nar-
rative），敘事就是瞭解事件與建構真實的工具。這三者的相異在於故事與真實
（truth）之間的關係。報告型故事具有真實性，神話型與敘事型故事則未必與陳
述的外在真實吻合。以故事打造品牌應該是指敘事型故事，所說的故事塑造的真
實感是故事之所以打動消費者的基礎。（黃光玉，2006，〈說故事打造品牌：一
個分析的架構〉，《廣告學研究》，第26集，頁5）

勝的故事。」[36] 還有史丹佛大學商學院組織行為學教授奇普·希思（Chip Heath）與他在杜克企業教育學院（Duke Corporate Education）擔任諮詢師的兄弟丹·希思（Dan Heath）於《創意黏力學》一書中，也將「故事」列為讓創意概念深入人心的六大要素之一。[37] 資深管理顧問麥可·洛伯特 （Michael Loebbert）出版的第一本德文「故事學派」管理著作《故事，讓願景鮮活》裡，嘗試將「說故事」理論化，書中也提到：「故事是品牌管理的基礎，要創造出企業的品牌，就要編織出有意義的故事，把顧客和公司連結在一起，並賦予這種連結特定的生命意義。」[38]

為什麼故事對於品牌會具有如此強大的影響力？足以支持的理由當然有很多，大致可以歸納為下述幾點：首先，故事能啟發智慧、傳承生活經驗與發揮教育功能。從古至今，人類一直是透過故事，將集體的價值觀、文化習俗和生活方式代代相傳延續下

---

[36] Debbie Millman, 2013: 260.

[37] 所謂的黏力是指烙印在腦海、在心中留下深刻的印象與感受。作者從謠言、童話、都會傳奇等作品中歸納出創意黏力學的六大要點，它們必須具備以下條件：簡單（simple）、意外（unexpected）、具體（concrete）、可信（credible）、情緒（emotional）、故事（stories）。（奇普·希思、丹·希思〔Chip Heath and Dan Heath〕，2007，《創意黏力學》〔*Made to Stick*〕）

[38] 麥可·洛伯特（Michael Loebbert），2005，《故事，讓願景鮮活：最有魅力的領導方式》（*Story Management: Der narrative ansatz fur management und beratung*），頁39。

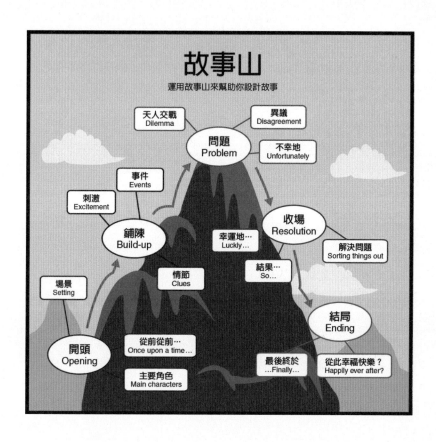

去。故事讓我們了解過去、認清現在、走向未來，故事串起整個人類的時間觀，拼湊出整個人類歷史發展的漫長軌跡。根據心理學家蓋瑞・克萊恩（Gary Klein）的研究指出，人們會一再地反覆述說著某些故事，就是因為它們蘊含著智慧。「故事是很有效的教學工具，故事告訴我們不同的情境如何誤導人做出錯誤決定。故事能說明我們未察覺出的因果關係，並指出別人解決問題

出人意外的聰明辦法。」[39] 從心理學的觀點來看，故事可以作為
現實世界的模擬器，讓我們能演練揣摩各種生活狀態。故事也一
直是人與人之間傳遞經驗的工具，其傳承的是集體智慧與經驗的
累積，物理學家大衛‧博姆（David Bohm）曾說過：「思想本
身並不是人在孤立狀態下產生的結果，而在很大程度上是一種集
體現象。故事在人際間自由傳輸流動的意義在於營造出一個對話
式空間。就像對話一樣，群體間的交流能獲得大量的共同認識，
這是個體無法充分獲得的。」[40] 這可以解釋為何人們對於市面上
數以千計的創業成功故事百聽不厭，因為我們可以透過這些創業
傳奇知道未來可能會遭遇到的困難與挑戰，並且能從前人的經驗
中汲取成功的應對模式與解決之道。

　　另外，企業如果能善用故事來進行各種溝通行銷與組織管
理，會吸引更多具有創意的人才與想法，因為過去古板僵化的指
導原則與科學管理往往會箝制創意思考。世界知名的故事管理大
師史蒂芬‧丹寧（Stephen Denning）強調，故事可以帶來更多
的創新力量：「故事能讓人直接觸及一個組織的生命力所在，從
而實現變革。這種故事既能溝通複雜的變革理念，同時還能形成

---

[39] Chip Heath and Dan Heath, 2007: 261.

[40] 史蒂芬‧丹寧，2010，《故事的影響力》，頁86。

迅速實施的動力，有助於組織重塑。」[41] 故事可以擺脫傳統管理模式的限制，刺激組織創新；也可以用生動、活潑、有效的方式訓練、教育、激勵與凝聚組織內部的成員，「故事不是浮在表面上舉無輕重的泡沫，而是一個充滿生命力的組織真正的活力所在。共享的故事將整個組織凝聚在一起：組織結構與管理設置只不過是按照故事要求進行組織運作的工具。」[42] 組織管理最根本的問題還是人，而故事始終都是人與人之間溝通傳播影響最有效的工具。

其次，故事能潛移默化改變人們的觀念與態度。安奈特‧西蒙斯（Annette Simmons）提到：「故事不去汲取權力，它創造權力。故事能召喚出不需要正式權威就能發揮效用的神奇力量。故事是一種心理印記的形式，故事能塑造觀念並觸及潛意識。」[43] 故事提供的不是理性邏輯分析與龐大複雜的資訊，而是激發新的觀念、信念，產生新的價值與意義。不同於赤裸裸的權力控制與規訓，故事用潛移默化的方式輕輕地撼動人們根深蒂固的觀念，透過感同身受的情感體驗，讓大眾得以想像並賦予人們

---

[41]　同上，頁1-2。

[42]　同上，頁87。

[43]　Annette Simmons, 2004: 49.

行動的決心與改變的勇氣。在組織管理上，好的故事可以深入組織成員的內心，影響他們思考的方式、情感的投射以及認同的價值，讓這些成員可以採用不同的觀點看待自我與組織之間的關係，解決個人與集體之間的衝突與矛盾，讓組織運作更和諧圓滿。「新產生的故事建構在人們現實經歷的故事或是他們的組織和領導者所提出的故事基礎上。它們萌生於聽眾的腦海之中……聽眾自己創造了自己的故事，並給予支持。領導者所說的話僅僅是在聽者心中產生創新過程的催化劑。」[44] 至於對外行銷溝通部分，企業組織可以透過品牌故事喚醒人性深層的渴望，如史蒂芬・丹寧所形容：「一個有意義的故事能夠喚醒沉睡的感官，讓人張開雙眼，傾聽真實的環境，讓人體味到空氣真正的味道，讓人感同身受，不寒而慄。」[45] 一個成功的品牌故事總是能了解人類內心共同的渴望，以簡單、平凡卻親近的方式表達意義，喚醒個人對世界的感受、形塑情感上的認同，並且促成個人行為與生活方式的轉變。

　　最後，故事最重要的影響力，不只是改變人們的態度與行

---

[44]　史蒂芬・丹寧（Stephen Denning），2005，《說故事的領導》（*The Secret Language of Leadership: How Leaders Inspire Action Through Narrative*），頁47。

[45]　同上，頁100。

為，更重要的是讓每個人可以從故事中發現自己的價值與意義。
丹寧曾說過：「故事一定要夠感人，才能讓所有人都從故事中得
到同樣的領悟；能引起聽者共鳴的故事，聽者自己會找出意
義。」[46] 敘事心理學者布魯納（J. Bruner）指出，人們進行認知
處理時自然而然會將人、事、物、行為、場景等等以故事的形式
加以組織排序，以便理解它們的關係，這種傾向為「敘事型思
考」（narrative mode of thought），這種認知處理方式是藉由故
事的形式來理解經驗，從中領悟意義。[47] 敘事是人類解決複雜問
題的有效手段，敘事與真實之間的空隙就是個人尋找自我意義的
展現，雖然長久以來大部分的人都已經習慣接受別人先行的思
考、承諾的答案以及給予的穩定，但說故事會提醒自己，我們並
不是全然被動接受一切的已知。其實，每一個人的心中都蠢蠢欲
動，準備找出自己生命的意義、譜出精彩的人生故事。

安奈特・西蒙斯也提到：「在這個混亂難測的現實裡，故事
才是王。故事會為混亂找到意義，提供一個人可瞭解的情節。故
事影響人們的方式之一是，它能讓挫折、痛苦或額外的努力變得

---

[46] 黃光玉，2006，〈說故事打造品牌：一個分析的架構〉，《廣告學研究》，第26
　　集，頁17。
[47] J. Bruner, 1986, *Actual Minds, Possible Worlds*.

有意義，並幫助人們合理化他們的挫折。」[48] 確實，當我們面對如此複雜多變的現實，日以繼夜無止盡的折磨、挫折、挑戰與各種不確定的茫然，人們需要更簡單的方式來解釋與回應，並藉此認清自己在其中的定位與意義。所有的創業故事都不是一帆風順，就像所有的現實一樣百般折磨、令人沮喪；但值得欣慰的是所有的創業故事都能賦予每個人生命經驗珍貴的意義與價值。相同的，品牌故事也是集體智慧的結晶，不可能由企業單方全然操控決定，品牌故事會持續被傳誦改寫，每個人都擁有改寫品牌故事的權力／利。今日的消費者不再只是滿足於獲得產品與服務，而是希望自己親自體驗，以個人化的方式參與其中。企業透過品牌故事提供消費者有更多自我思考的空間，並且讓消費者主動參與、共同譜寫各式各樣繽紛多元的品牌故事。

人性是一切溝通的寶庫

「故事讓我們觸及那個好壞共存的神祕地方——我們共同的人性。」[49]

---

[48]　Annette Simmons, 2004: 57.

[49]　Annette Simmons, 2004: 135.

　　事實上，這幾年來說故事風潮的復甦並不只是行銷策略的一種噱頭，而是社會集體文化轉型變遷的證明。任何的行銷溝通都帶有影響、說服的目的，品牌故事也是如此，但有別於其他行銷溝通方式，故事沒有所謂中央集權意識型態的操控、也沒有征服與被征服的輸贏。故事是透過人性喚醒人性，藉由別人的故事尋找自己的故事，更重要的是用完成故事來追求自己生命的意義。美國心理學家布魯諾・貝特海姆（Bruno Bettelheim）曾說過：「如果我們希望不僅僅是得過且過地活著，而是真正體會到自己的存在，那我們最需要和最難獲得的就是找到生活的意義。」[50]

　　成功的品牌故事之所以能撼動人心，是因為能觸動人性共同的渴望，榮格的原型理論已經揭示出人類具有類似的心理結構與原型基礎，這份心靈地圖足以作為所有的個人與組織進行內外溝通行銷的參照。我們不需要過多的資訊與氾濫的口號，或者是煽動激情的言論；我們所需要的是一個故事，在其中可以讓我們找到意義與歸屬。葛蘭特・麥奎肯（Grant McCracken）訪問HBO節目總裁艾伯瑞特（Chris Albrecht）打造成功節目的祕訣時，他提到：「成功的重點是能否連結到某種與人類經驗深切關連的

---

[50]　出自《魔力的作用》（*The Use of Enchantment*）（Stephen Denning, 2010: 30）。

東西。《黑道家族》不只是在講一個得吃百憂解的黑幫老大，而是一個男人在追尋生命的意義。」[51]

現代化社會成就了物質繁榮與經濟發展，但也導致了人際關係的冷漠、傳統文化的崩解與社會集體的分裂。現代人普遍心理問題是感到虛無與空虛、缺乏共同的目標與價值，找不到存在的意義與生活的重心。品牌之所以重要，顯示了現代人對認同與歸屬的渴望；品牌故事之所以動人，證明了我們需要用更柔軟的方式來了解彼此、用更感性的語言來傳遞價值。感性帶領我們脫離冷酷的科學研究與市場分析，重回人性的溫暖懷抱；故事讓我們擺脫客觀中立的迷思，找回追尋意義的價值；創業是持續進行的溝通過程，也是永不止息的努力，更是朝向自我實現與完成屬於自己傳奇故事的英雄之旅。

---

[51] 葛蘭特‧麥奎肯（Grant McCracken），2010，《我能猜到什麼會爆紅：看出大生意在哪裡的三步驟》（*Chief Culture Officer: How to Create a Living, Breathing Corporation*），頁42。

附錄　讓創業教育成為人生必修課

原載《工商時報》2014/10/28

最近，「創業」這兩個字又再一次成為台灣社會的熱門關鍵字。

和過去不同的是，這一次高舉創業大旗的是政府。一直以來，台灣的創業市場都是民間在發聲。從1970年代加工出口潮帶動中小型製造業百花怒放到2000年前後的全球網路創業巨浪，台灣官方從來沒有對創業市場有過太多的關注與投入。

因為台灣本來就是個創業島，民間的創業能量一直相當豐沛。過去台灣創業市場的主流都是代工，在代工的黃金年代，廠商的訂單根本接不完，政府並不太需要太花力氣去推動創業。

現在不一樣了，從中央到地方的許多官方或政府法人組織紛紛把資源投入就業市場，從創業貸款的提供到加碼，甚至開辦「共同工作空間」（Coworking space）來招攬創業家進駐。行政院國發會甚至推出「創業拔萃方案」，選定台北花博園區打造超過6,000坪的創新創業園區，預估這個案子將創造超過5,000個工作計畫，產值將超過170億元。

政府對於創業市場的積極投資，顯然是看到產業轉型的需要，想扭轉台灣長期以來在全球市場所扮演的微利代工角色。特別是過去十多年來的數位世界淘金熱，延燒到今天仍然方興未艾。從最早的Yahoo、Google到今天的臉書和阿里巴巴，這些創業傳奇，無疑對政府和創業家都一次又一次的注射了強心針。在「有為者亦若

是」的模板思考下，從民間到官方，顯然都想像著再複製一次電子富豪們的成功故事。

從台灣過往創業市場所發生的種種故事來預見未來，我們不難想見，政府把資源投入創業市場，想培養的成果，可能是下一個賈伯斯或馬雲。但這真的是台灣該走的路嗎？我們會不會再一次跳入另一個紅海，淪為全球網路巨人的奴工？

也許，在這樣的時刻，我們需要重新思考如何來推動創業。當政府和民間都把發展創業市場當成搶救經濟的萬靈丹，是不是該回過頭來想想，現在的台灣需要什麼樣的創業故事？

聯合國的調查研究指出，地球上最富有的85個人的總財富加起來等於最窮的35億人身家的總和，這85個人裡有不少是來自網路世界的科技創業家。在人口已經超過70億的地球，如果台灣的創業市場想培養的是這樣的創業家，我們能有多少把握？更值得深思的問題是：我們該鼓勵什麼樣的創業？如何來推動創業才能讓台灣的未來成為一個更好的社會？

政府把資源投入創業市場，為的不應該是造就少數幾家明星公司，而應該是創造和培養一個產業。如果把創業視為一個產業，最重要的工作就是營造生態，營造生態最重要的元素是人，創業教育則是推動創業市場的基礎工程。

過去幾年，台灣各大專院校配合政府的政策，開始推動創業教育，紛紛開設創業課程。這些教育的方向也對準社會主流氛圍，以「致富」為目的，最後的結果造就更多不擇手段追求獲利的創業人口。最近一連串由知名企業引發的食安風暴，顯然也和這樣的思維

和文化脫不了關係。

　　我們要從創業教育裡去設計企業，一種不同於台灣過去典型的企業，培養更多為台灣創造未來的創業家。這些創業家聆聽自己心裡的聲音前進，不是為了滿足世俗的眼光而來創業，他們善用自己所處的這片土地的獨特資源，用自己的舞步，從台灣走向世界。培養出這樣的創業家，正是發展台灣創業市場最重要的工作。

　　從官方到民間，台灣該全面的去推動，讓創業教育成為素養教育甚至是人生的必修課。像栽培一棵棵樹木一樣的去培養創業家，假以時日，我們將會擁有一座美麗的創業森林和沃土。

第 九 章
歷劫歸來

探險者終於回到家，經過洗滌和淨化，帶著旅程的收穫歸來，和部落分享食物與寶物，告訴大家取得寶物的精彩過程。你覺得這個圈圈沒有缺口了。你看到，在英雄之路上所嘗的苦頭，為我們的土地帶來新的生命。未來還有其他歷險者，但這次歷險已經完成，隨著它的落幕，為我們的世界，帶來深度的療癒、健康、圓滿。探險者們回家了。[1]

成功的迷思

創業英雄之旅始於聽從內心的歷險召喚，接著創業家們一步步踏上各自的冒險之旅，在經歷了無數的挑戰與波折之後，有些人會不堪挫折與困苦選擇半途而廢、有些人被各種挑戰與危機徹底擊潰一蹶不振。然而，這些失敗的故事都被淹沒在偉人英雄的傳記光芒下。事實上，被人們津津樂道的創業英雄故事，只不過是媒體不斷吹捧歌頌的題材，所謂典型成功的創業英雄傳奇只是少之又少、鳳毛麟角的異例。

環顧市面上暢銷書排行榜名單，琳瑯滿目都是教導人們如何

---

[1]　克里斯多夫・佛格勒（Christopher Vogler），2013，《作家之路：從英雄的旅程學習說一個好故事》（*The Writer's Journey: Mythic Structure for Writers*），頁335。

成功的書籍，我們總是想知道那些成功的人具備什麼樣的個人特質、有什麼樣的特殊能力、行為習慣與思考模式。各種百萬富翁、企業家、政治人物或各行各業中知名人士出版的傳記故事汗牛充棟，這些成功故事不但賦予每個人成功的希望，也激發腎上腺素讓人勇往直前。當然，鼓勵人們樂觀向前、積極進取是正面可取，但盲目的樂觀與積極，往往會犯下無知愚昧與不切實際的錯誤。社會不停歌頌所謂的成功典範，同時也塑造出一種所謂成功的迷思，以為成功只有特定的模式，成功的創業家本應該如此這般。但我們要澄清的就是，市面上這些成功的傳奇並不足以也不應該作為每個人的典範與借鏡。歷史雖然可以借鏡，他人的經驗雖然可以參考，但值得提醒的是所謂的歷史通常是被扭曲、被選擇編排過的真相；而那些能被看見的英雄偉人故事虛構的成分往往遠大於真實。

　　這本書不是另外一本歌頌創業英雄的傳記，我們這裡的創業家是指每一位勇敢做自己的平凡人物。然而，一般人往往以外在可見的事物來判斷英雄，忽略了那些專注於過程而非最後成果的英雄。事實上，決定人生戰場勝敗的因素遠比我們想像的更加複雜與隨機，用現有的勝負來決定英雄是短視膚淺，用世俗物質享樂的標準來評斷幸福也是過於片面武斷。如納西姆·尼可拉斯·塔雷伯在《隨機的致富陷阱》中提到：「英雄打勝仗或敗仗，和

它們本身的英雄行為完全無關;他們的命運取決於外部的力量,而這通常是命運之神的傑作。英雄之所以是英雄,是因為他們的行為十分英勇,而不是因為戰場上的成敗。」[2] 因此,真正的創業英雄是懂得傾聽自己內心的渴望,不是隨波逐流追求世俗的財富與名利;創業過程的真相總是跌跌撞撞、跟跟蹌蹌,很少如外表所見璀璨亮麗、愉悅風光;創業家所追求的真正目標、動機與生命意義也是各自迥異,很難形成單一僅有的成功價值。每個人都有對自我成功的不同定義,成功不是客觀統一的標準,也不會是一個靜態永恆的固定目標。

既然成功沒有特定的模式,自然也沒有所謂能複製模仿的創業必勝公式。除此之外,社會文化與環境的快速轉變也造成過去經驗在應用上的侷限。前面幾章曾經提到創意經濟時代將顛覆過去的生產模式與組織型態,過去成功的條件可能成為今日失敗的主因,如歷史學家湯恩比(Arnold Toynbee)曾提到,我們可以用一個簡單的觀念概述人類的歷史,就是:「沒有任何事物比成功更容易消亡。」當你面臨新的挑戰,而過去曾經成功的模式不

---

[2] 納西姆‧尼可拉斯‧塔雷伯(Nassim Nicholas Taleb),2002,《隨機的致富陷阱》(*Fooled by Randomness: The Hidden Role of Chance in Life and in the Markets Fooled by Randomness*),頁54。

再有效時，成功反而更容易導致失敗。前美國總統林肯也提到：

「寧靜的過去中合宜的教條，不再適合充滿風暴的現在。」[3] 成

功與失敗是不斷變動的相對關係，我們永遠在走向下一個階段的

成功或失敗的路途上，也同時在離開現有的得意風光或落魄悲慘

的處境。我們對於自己與世界的認識永遠不會完全，我們從觀察

或經驗所學到的東西都帶有嚴重的侷限。過去的成功經驗不能作

為未來創業的指引與準則，成功是當下各種條件偶然結合所創造

的，所有的創業故事都是由一連串偶然與未知的因素組成。納西

姆‧尼可拉斯‧塔雷伯在書中引用梭倫（Solon）的名言作為自

我警惕：「看盡人世間形形色色、無數的不幸之後，我們不能因

為眼前的享樂而狂妄自大，或者讚美稍縱即逝的幸福快樂。世事

難料，未來變化莫測。只有承蒙上蒼垂憐從此能幸福以終的人，

我們才能稱之為幸福快樂。」[4] 這也值得所有的創業家警惕，在

開放創新的年代，創業模式不斷淘汰、翻新，成功的概念與形象

也持續被顛覆與重新定義，此時的成功不等於未來成功的保證，

相對的，當下的挫敗也未必是厄運，外在環境局勢的持續變遷，

---

[3]　史蒂芬‧柯維（Stephen R. Covey），2005，《第8個習慣：從成功到卓越》
　　（*The 8th Habit: From Effectiveness to Greatness*），頁38, 53。

[4]　Nassim Nicholas Taleb, 2002: 24.

沒有固定的行為模式與可預料遵循的創業規範。因此，本書所述說的創業英雄之旅不是揭示一種原則或辦法，也不是成功的模式與典範，而是人生安排的許許多多可能。我們不可能全知，也無法找出最有效的、最有價值的人生旅程。當我們聆聽別人的創業故事時，追求的不是真理與法則，而是一種情感的共鳴；我們看到的不是英雄而是自己，故事的真正價值不是歌頌成功而是掌握人性與體悟生命。

成功的真相

「我們被成功的迷思誤導，以為向成功人士看齊，好好努力，就可以把自己的潛能發揮到極致。事實上，我們常常誤解了成功的故事，也沒善加利用我們的才能。……成功最需要的其實是機會——一個可以脫離貧窮、出類拔萃的機會。」[5]

美國最具影響力暢銷作家葛拉威爾（Malcolm Gladwell）在知名的暢銷書《異數》中提到成功的條件，也就是成為非凡「異數」的資格，他認為不是最聰明的人就可以成功，正確的決定或

---

[5]　葛拉威爾（Malcolm Gladwell），2009，《異數》（*Outliers: The Story of Success*），頁281-282。

努力不懈，也不能保證；要成功，除了必須有把握「機會」的智慧、善用特有的「文化」遺澤；必要時，還得脫離部分的身分，擺脫傳統的束縛。這本書之所以能大賣，主要是顛覆了我們對成功的想法，我們總以為只要努力就可以成功，事實上並非如此，他指出了我們都知道但無法明說的生活困境與疑惑，許多人即便努力還是無法登上成功的階梯。誠然，一個人的出身已經決定了他所能跳躍的人生高度，如他所言「這個社會成功的異數都是機運之子。所謂時勢造英雄。」[6] 然而，強調出身背景與社會文化的結構束縛並不代表個人努力是毫無作用，相反地，個人努力是所有成功的基本條件。葛拉威爾所要強調的是所有的天才都是許多偶然與必然因素的結合，我們不可能單憑一個人努力就可揚名立萬。所謂的出身不只是家庭背景也包括文化底蘊，是一種強大深遠的力量，能代代相傳，影響集體的態度與行為。「每個人都不只是自己生命與經驗的產物，與文化和群體也是密切相關。」[7] 因此，努力不只是爭取新的資源與能力，也是脫離部分的限制與傳統的束縛。葛拉威爾所指出的真相是機會對結構的影響遠比我們想像中更為重要。

---

[6]　同上，頁125。
[7]　同上，頁234。

　　這點和納西姆‧尼可拉斯‧塔雷伯在《黑天鵝效應：如何及早發現最不可能發生但總是發生的事》書中所提到的論點相似，他提到「我們的世界乃是由極端、未知，而極不可能發生（根據我們現在知識所認定的極不可能）之事件所掌控——而我們卻把所有的時間花在閒聊、關注已知及一再重複的事件上。」[8] 他認為人們長久以來都過於習慣注意已知事件，而忽略未知，因此往往無法真正地評估機會與風險；因為我們很容易將事情簡化、予以敘述與分類；加上不夠開放，無法珍視那些能夠想像「不可能事物」的人。超心理學家丹尼‧康尼曼（Danny Kahneman）也提出：「一般而言，我們會去冒險並非出於暴虎馮河的勇氣，而是對機率的忽視和盲目。」[9] 之所以會有創業家或冒險家認為自己是萬中選一的幸運兒，只是因為這世上有太多人投入相同的行列，而我們往往聽不到那些倒楣失敗者的故事。其實成功與失敗兩者之間遠比我們想像得更加類似，而我們對於成功的瞭解遠比自以為的更加無知。然而，無知並不可怕，也不用悲觀，如GT太陽能公司（GT Solar）的戰略發展副總裁格雷（David Gray）

8　納西姆‧尼可拉斯‧塔雷伯（Nassim Nicholas Taleb），2008，《黑天鵝效應：如何及早發現最不可能發生但總是發生的事》（*The Black Swan: The Impact of the Highly Improbable*），頁23。

9　同上，頁182。

在《哈佛商業評論》（*Harvard Business Review*）中曾提到：「很少人注意無知也是珍貴的資源。不同於知識可以無限次重複使用，無知是一次性的：一旦被知識取代，就很難再找回來。而且無知消失後，我們往往會遵循既有的途徑尋找答案，不再運用未知的感官能力探索新的選項。知識可能妨礙創新。」[10] 創業知識也是如此，它是一種借鏡也是一種包袱，會增加我們的認知也會侷限我們的理解，過多的資訊累積有時只是讓我們朝向錯誤的判斷。不斷重複舊有的習慣、思想與行為模式雖然安全，但卻越來越無法突破固有的渠道，也不會產生令人意外的創新。事實上，對社會造成真正巨大深遠影響的力量都是出於未知的世界，社會結構的種種限制是既有且難以撼動的存在，因此重要的關鍵是無法預料的意外，這些偶然性是我們改變未來的可能與希望。

　　然而，這裡的重點不是討論結構與機會孰重孰輕，而是釐清成功不可能有簡單、模仿、追尋的捷徑。當然這並不動聽，很多正要創業的人，比較喜歡簡單俐落的成功公式，可惜真相是：根本就沒有這種東西！人無法預見未來，命運的發展往往令人措手

10　葛蘭特・麥奎肯（Grant McCracken），2010，《我能猜到什麼會爆紅：看出大生意在哪裡的三步驟》（*Chief Culture Officer: How to Create a Living, Breathing Corporation*），頁141。

不及，所以我們只能先準備好自己，可以隨時處理好各種不同的
情況，並在不同的機會出現時，能夠善加利用，好好把握。如納
西姆‧尼可拉斯‧塔雷伯所言：「*命運女神唯一不能控制的東
西，是你的行為。*」[11] 尤其在創業這條道路上，不論你走得多遠
或學到多少，你仍舊無法洞悉全局、掌握一切，創業就是永無止
盡的冒險和學習。赫曼‧赫塞（Hermann Hesse）在《流浪者之
歌》中提到年輕的悉達多一直在追尋人生的圓滿，最後終於在當
渡船人之時洞悉真我，領悟到人生的真諦。他的成就是一種內在
的勝利。「*發自內心想要的簡單生活是種選擇，踩著別人的頭往
上爬也許是他人的夢想，但對你而言，卻可能是永遠得不到滿足
的孤單。*」[12] 成功不是追求特定的成就，和金錢與升遷無關；成
功是持續追求意義，是攸關個人成長、自我實現、人際關係以及
對社會做出的貢獻。亞里斯多德提到幸福就是成功：「*人人渴望
幸福，但各個想法不同。*」柏拉圖也認為真正的幸福是個移動的
目標，隨著不同的年紀會有不同的理想。[13] 所謂成功的定義會隨

---

[11] Nassim Nicholas Taleb, 2002: 246.

[12] 肯尼斯‧克利斯汀（Kenneth W. Christian），2009，《這輩子，只能這樣嗎？》
（*Your Own Worst Enemy: Breaking the Habit of Adult Underachievement*），頁52。

[13] 肯‧戴科沃與丹尼爾‧凱德雷克（Ken Dychtwald and Daniel J. Kadlec），
2012，《熟年力：屬於新世代的熟年生涯規劃手冊》（*With Purpose: Going from*

著不同個人、年紀、社會環境與文化脈絡而有所差異。因此，真正的成功不是達到世俗認定的客觀目標或累積的財富數據，而是有勇氣去嘗試自己內心真正渴望的生活。創業不一定要創立公司、招兵買馬、開疆闢土，比這些外在成就更重要的是知道自己真正想要的生活，忠於自我，並且能堅持實踐達成理想的努力。

「黑天鵝事件無法輕易摧毀一個知道自己最後歸宿的人。學習如何死亡，如何面對損失，如何變得比較不依賴你目前所擁有的一切。他每天都讓自己準備好失去一切，每一天。『是能夠從他身上拿走的，他認為沒有一樣是他的東西。』」[14]

納西姆・尼可拉斯・塔雷伯的人生歷練讓他深深理解自己的無知與人生的無常，他認為在一個千變萬化、難以捉摸的世界，能夠抗拒人類衝動的天性，採取刻意而痛苦的步驟，為無法想像的未來做準備，需要更多的勇氣與英雄氣概。然而，了解成功的偶然與未知世界的浩瀚及驚人影響，並不會阻止我們勇往直前，而是讓我們更能清楚認清真相、坦然面對。所有的冒險歷程都是從熟知進入未知的領域，如果只是逃避與抗拒，就是阻斷了自己進步發展的機會。過度專注於已知，將永遠無法學習到未知，待

Success to Significance in Work and Life），頁65。
[14]　Nassim Nicholas Taleb, 2008: 545-547.

在安穩平靜的沙漠綠洲裡，就不可能體驗到大海波濤洶湧的驚險刺激。面對真實世界的一切必須保持開放的態度與持續學習的動力。無常是生命的本質，對於無法掌控的一切事情，我們只能選擇面對、處理與征服。沒有創業的勇氣與行動，是無法獲得創業甜美的果實；沒有改變自己的努力，就只能永遠停留在原地，日復一日，過著毫無價值與意義的生活。

歸返

「歸返，宣告了故事的療癒力量。帶著萬靈丹歸返，意味你在日常生活中貫徹變革，並運用歷險期間的所學治癒你的傷口。」[15]

創業是一趟旅程，創業英雄從各種苦難折磨中完成使命或取得教訓，最終他們仍要邁向另外一個階段，踏上回歸之路，回到起點或繼續前行，展開另一段新的旅程或回歸平凡世界，訴說歷程的艱辛磨練與寶貴經驗。創業英雄帶給現實世界最大的禮物是傳遞出各式各樣的冒險故事，「萬靈丹是從非常世界帶回來和歷

15　Christopher Vogler, 2013: 336.

險伙伴共享的寶物。如果旅人沒有帶回和眾人分享的東西，他就不算英雄，他只是個自私自利、無知的小人。他沒有學到教訓、沒有成長。帶著仙丹妙藥歸返，是英雄的最終試煉，展現他已經成熟到足以分享旅程中所獲得的果實。」[16]

　　通常冒險的旅程中滿佈挫折與痛苦，但這些磨練痛苦帶有重要的目的。當我們願意承認痛苦、創傷和心痛，其實是讓自己具備了成長的必要智慧；當我們開始訴說自己的歷險故事時，就是重新整合自己的內心精神，這正是榮格所謂個體化的過程。英雄之旅就是個體化的歷程，是持續一輩子的創作，永遠沒有終點也不會完成。每一個人生命的安排都是向這個世界展現出獨特的自我，所謂的成功與歸返是讓內心靈魂達成完整的境界，在歷險的過程中了解自己的衝突與矛盾、整合內心的正面與負面能量，學習各種教訓與經驗，最終獲得心靈的圓滿與寧靜。英雄之旅是一段向內征服的過程，是面對自己內心各種陰影與人性弱點的不斷努力，每一個挫敗與創傷中都蘊含人生的智慧，生命的成長不是抹去陰影而是與之共存。

　　然而，成功與失敗就像光明與陰影一樣，是持續辯證的存在

---

[16]　Christopher Vogler, 2013: 343.

關係。直到死亡之前，人生的旅程都還在持續進行，不會真正終結。真實人生不像電影或小說受限於篇幅長度，一定有所謂的結束終點，但相似之處在於我們和電影裡的主角一樣，不知道何時落幕，也不知道何時會上演人生的最後一幕，甚至到了人生的終點，大部分的人往往還是不清楚這輩子的成就意義。故事的結局是為了敘事上的完整與意義的圓滿，然而，在現實生活中，沒有所謂真正的結局，從個人與企業組織的潮起潮落中，我們知道當下只是瞬間，沒有永恆的成功與失敗。生命之流持續前進，過去的失敗可能成為未來成功的寶貴經驗，而過去的輝煌成就也可能變成未來落敗的諷刺笑柄，所謂的成功與失敗只是一個接著一個（持續）不斷上演的故事片段。

　　然而，這種未完成的性質正是改變的契機，也是人類創造力發揮的舞台。二十世紀西方精神醫學界極富盛名的存在主義心理分析大師羅洛・梅（Rollo May）曾指出：「不論處在任何領域，只要我們了解自己正在幫助塑造新世界的結構，就會感受到一種深刻的喜悅。不論我們實際的創作多麼微不足道或徒勞無功，這裡面都含有創造的勇氣。」[17] 創造力基本上就是製作與造成存在的歷程，是將個人與世界串連整合的過程。有創造力的人

---

[17] 羅洛・梅（Rollo May），2001，《創造的勇氣》（*The Courage to Create*），頁35。

能與焦慮共生共存，他們看到限制與束縛，不會選擇逃避而是面對、與之搏鬥，進而創造出新的存在，並且讓無意義狀態展現新的意義與價值。在人的生命中，各種限制與意外不但是無法避免的，而且深具價值。因為，「有創造力的活動來自人類面對限制時所做的搏鬥。」[18] 因此，即便我們沒有辦法預測未來的成功，但值得慶幸的是我們可以選擇當下的樣態，生命的自由在於能選擇自己想要成為的樣子，如榮格所言：「我寧願成為完整的，而不是好的。」[19] 每個人的內心總是善惡並存，並不像童話世界那樣黑白善惡截然二分。我們被社會文化的刻板印象灌輸壞就是壞、好就是好；要真的成為自己所嚮往渴望的模樣是可遇而不可求。但事實並非如此，想要達成夢想並不簡單，卻也不是天方夜譚，只要願意面對自己。人最可悲的不是失敗，而是放棄實踐，明明心裡就想要到達某地，雙腳卻還一直停留在原地。海伍德‧布朗（Heywood Broun）曾說過：「一個人的悲劇不在於他輸了，而是他差點就贏了。」[20]

---

[18] 同上，頁145。

[19] 狄帕克‧喬布拉、黛比‧福特與瑪莉安‧威廉森（Deepak Chopra, Debbie Ford and Marianne Williamson），2011，《陰影效應：找回真實完整的自我》（*The Shadow Effect: Illuminating the Hidden Power of Your True Self*），頁186。

[20] Kenneth W. Christian, 2009: 265.

快到了…
圖為倫敦The Hub共同工作空間因位於高樓層，所貼在牆上勉勵訪客的創意標示。

　　人類的焦慮來自沒有辦法認識自己所處的世界，以及無法在自己的生命中找到方向與位置。因此，了解自己是踏實夢想的前提，我們必須要認清不是任何心之所欲都能如願完成，也不是盡心盡力就能達成夢想，有時候想要與能夠之間有所差距，如果不顧個人的天賦與能力一味鼓勵他人追逐不可及的夢想，也是一種極度殘忍的暴行。然而，坦然面對自己是需要絕對的勇氣，要沉靜聆聽自己內在的呼喚，相信自己的直覺：「當你迷失困惑時，你要相信自己的選擇或你選擇的那段旅程。你不是破天荒的第一位，也不是最後一人。你的旅程是獨一無二的，你的觀點自有其

價值，你更是深遠傳統的一部分，這傳統甚至可以追溯到人類開天闢地的時代。這趟旅程有其智慧，故事懂得該何去何從。相信旅程、對故事抱持信心，相信你走的路。」[21] 勇氣是即使會絕望、會失敗、會滅亡，也能繼續前進；唯有在最嚴峻的道路上，我們才找得到生命所能帶給我們最有價值的時刻和經驗。人的存在不只是來自我們所擁有的一切，也包括我們所失去的所有，失去就是存在的證明，挫敗也是一種獲得。

　　尋找生命的意義是不想只是得過且過地活著，是想真正體會到存在的價值，如海德格（Martin Heidegger）所言：「存有的真理，就是在日常生活當中。知識，就存在自己的生命體驗與行動當中。」[22] 唯有行動與實踐才能創造生命，因此，創業之旅不是為了追求成功，而是為了追求此生了無遺憾的生命悸動，為了擁有內心真正的自由與平靜。人的生命有限，如果不能及時踏上自己夢想的英雄之旅，就像千辛萬苦終於攀上高峰時才赫然發現跑錯山頭的荒謬悲哀。因此，我們要擺脫市面上成功偉人傳記的迷思、放棄追求所謂的快速成功魔法，冷靜下來聆聽自己內心的渴望，了解自己的天賦與使命，勇敢踏上屬於自己的創業英雄之

21　Christopher Vogler, 2013: 531.
22　周志建，2012，《故事的療癒力量：敘事、隱喻、自由書寫》，頁93。

旅。另外，更重要的是時時回顧自己一路走來的點點滴滴，並且留下自己的故事傳奇，那是所有創業冒險家帶給這個世界最寶貴的東西。故事，是從古至今最古老的教育工具，透過故事可以獲得生存的知識與處事的智慧，它是人類演化的重要關鍵，可以是傳承的工具、是心靈療癒的利器，也是指引人生道路的導航。因此，留下自己的創業故事，不只是揭示這一路走來的辛酸與痛苦、折磨與煎熬、快樂與無助，更重要的是在說故事中創造人生。如社會科學家麥克・懷特（Michael White）所說：「我們不可能直接認識世界，人所知的生活是透過『活過的經驗』。……所以，若要創造生活的意義，表達我們自己，經驗就必須成為故事。『成為故事』這件事情決定了我們賦予經驗的意義。」[23] 故事是生命的縮影也是生命的具現，只有故事可以讓我們具體看見生命變化的軌跡，當我們開始訴說自己的故事就是賦予生命意義與價值，並且透過訴說看見自己，因為說故事就是創造生命的過程。「自我，其實是在一次次生命的遭逢與經驗中，靠著自身與人們、社會、際遇的互動，逐漸『長』出來的東西。我們得說故事，不然看不見隱藏在多元複雜社會脈絡中的自己。」[24] 生命

---

[23]　同上，頁95。
[24]　同上，頁83。

從來不是等待被發現的固定存在，而是不斷創造的生長過程。一次又一次訴說創業英雄之旅的故事不是因為要塑造典範與標準，而是為了傳承生命的經驗與賦予人生獨特的意義和價值。透過故事，我們理解自我的行動、賦予生命意義，然後開展未來。

　　這本書是獻給創業家的禮物，是鼓勵那些想要跨出已知、邁向未知的勇敢冒險家，不要害怕擁有夢想，不要對自己的生活設限，不要恐懼失敗與挫折，因為這些都是成長與蛻變的必經過程，而勇往直前是到達自己內心真正嚮往之境的唯一方式。我們不需要太多的偉人傳記，這些都是講求效率與速食文化的產物，它們喜歡快速捷徑，推崇天才與英雄，而對於那些在逆境中力爭上游、堅持理想、一步步朝向目標邁進的平凡人物不屑一顧。其實萬事皆相對而非絕對，我們知道成功至少有一半是靠運氣而不光是靠努力，預言可以自我實現，最完美無缺的計畫也可能半路殺出程咬金。未來難以臆測，歷史足以借鏡卻不保證未來必然有所回報。凡人必有偏見和不理性，故事與真相之間的差異遠比我們認為的更加接近，我們之所以需要故事，不是為了追求永恆的真理，而是為了賦予生命意義。創業不是一種媚俗的行動，也不是英雄式外在表象的征服，而是每一個人成就自我的方式，是一輩子探索。

參考書目

第一章　創業的英雄之旅

- 菲爾・柯西諾（Phil Cousineau），2001，《英雄的旅程》（*The Hero's Journey: Joseph Campbell on his life and work*），台北：立緒。
- 坎伯（Joseph Campbell），1997，《千面英雄》（*The Hero with A Thousand Faces*），台北：立緒。
- 坎伯（Joseph Campbell），1997，《神話：內在的旅程，英雄的冒險，愛情的故事》（*The Power of Myth*），台北：立緒。
- 克里斯多夫・佛格勒（Christopher Vogler），2013，《作家之路：從英雄的旅程學習說一個好故事》（*The Writer's Journey: Mythic Structure for Writers*），台北：商周。
- 卡蘿・皮爾森（Carol S. Pearson），2009，《影響你生命的12原型：認識自己與重建生活的新法則》（*Awakening the Heroes Within*），台北：生命潛能。
- 卡爾・艾勒，2005，《創業家的8項修練》（*Integrity is All You've Got*），台北：美商麥格羅・希爾。
- 顏擇雅，2014，〈企業家都是老人 問題出在哪？〉，《天下雜誌》，第542期。
- 卡爾・榮格（Carl G. Jung），1999，《人及其象徵：榮格思想精華的總結》（*Man and His Symbols*），台北：立緒。

第二章　創業的試煉

- 坎伯（Joseph Campbell），1997，《千面英雄》（*The Hero with A Thousand Faces*），台北：立緒。
- 華特・艾薩克森（Walter Isaacson），2011，《賈伯斯傳》（*Steve Jobs*），台北：天下文化。

- 克里斯多夫・佛格勒（Christopher Vogler），2013，《作家之路：從英雄的旅程學習說一個好故事》（*The Writer's Journey: Mythic Structure for Writers*），台北：商周。
- 菲爾・柯西諾（Phil Cousineau），2001，《英雄的旅程》（*The Hero's Journey: Joseph Campbell on his life and work*），台北：立緒。
- 卡爾・榮格（Carl G. Jung），1999，《人及其象徵：榮格思想精華的總結》（*Man and His Symbols*），台北：立緒。

第三章　創業的理由

- 艾麗・盧繽（Ellie Rubin），2002，《夢想的寫實主義》（*Bulldog, Spirit of the New Entrepreneur*），台北：大塊文化。
- 瑪格麗特・馬克與卡蘿・皮爾森（Margaret Mark & Carol Pearson），2002，《很久很久以前……：以神話原型打造深植人心的品牌》（*The Hero and the Outlaw: Building Extraordinary Brands through the Power of Archetypes*），台北：美商麥格羅・希爾。
- 白取春彥編譯，2012，《超譯尼采》，台北：商周。
- 達瑞爾・夏普（Daryl Sharp），2012，《榮格人格類型》（*Personality Types: Jung's Model of Typology*），台北：心靈工坊。
- 炎林，2003，《李嘉誠成功基因》，台北：新潮社文化。
- 康納曼（Daniel Kahneman），2012，《快思慢想》（*Thinking, Fast and Slow*），台北：天下文化。
- 連美恩，2010，《我睡了81個人的沙發》，台北：遠景。
- 卡蘿・皮爾森（Carol S. Pearson），2009，《影響你生命的12原型：認識自己與重建生活的新法則》（*Awakening the Heroes Within*），台北：生命潛能。
- 蓋瑞・貝尼森（Gary Burnison），2012，《大無畏：向全球頂尖領袖學

習12項因應變局的能力》（*No Fear of Failure*），台北：時報出版。

- 陳翠蓮，2013，《百年追求：臺灣民主運動的故事 卷一 自治的夢想》，台北：衛城出版。

- 傑洛米·迦奇（Jeremy Gutsche），2010，《亂世煉金術》（*Exploiting Chaos: 150 Ways to Spark Innovation during Times of Change*），台北：寶鼎。

- 穆罕默德·尤努斯（Muhammad Yunus），2011，《富足世界不是夢：讓貧窮去逃亡吧！》（*Creaing a World Without Poverty*），台北：博雅書屋。

- 林奇伯，2013，〈用愛創業，社會企業正熱門〉，《台灣光華雜誌》，2013/10/2。

- 林孟儀，2008，〈鐘錶帝國老頑童Swatch集團創辦人 海耶克 比瑞士總統還重要的教父級人物〉，《遠見雜誌》，第268期，2008年10月號。

- 小宮和行，2008，《豐田的最強基因》，台北：先覺出版。

- Murdoch, Iris, 1975, *A Word Child*, London: Chatto and Windus.

- 卡爾·艾勒（Karl Eller），2005，《創業家的8項修練》（*Integrity is All You've Got*），台北：麥格羅·希爾出版。

- 劉安婷，2014，〈給自己一個冒險的理由〉，《30雜誌》，2014年3月號。

- 理察·布蘭特（Richard L. Brandt），2012，《amazon.com的祕密》（*One Click: Jeff Bezos and the Rise of amazon.com*），台北：天下雜誌。

- 大衛·柯克派崔克（David Kirkpatrick），2011，《facebook臉書效應：從0到7億的串連》（*The facebook Effect: The Inside Story of the Company That is Connecting the World*），台北：天下雜誌。

- Michaels, F. S., 2011, *Monoculture: How One Story Is Changing Everything*, Red Clover.

第四章　創業的力量

- 丹・米爾曼（Dan Millman），2012，《生命如此富有：活出天賦潛能的心靈密碼》（*The Four Purposes of Life: finding meaning and direction in a changing world*），台北：心靈工坊。

- 塔爾・班夏哈（Tal Ben-Shahar），2013，《幸福的魔法：更快樂的101個選擇》（*Choose the Life You Want: 101 Ways to Create Your Own Road to Happiness*），台北：天下雜誌。

- 丹尼爾・品克（Daniel H. Pink），2006，《未來在等待的人才》（*A Whole New Mind Moving from the Information Age to the Conceptual Age*），台北：大塊文化。

- 馬克斯・巴金漢（Marcus Buckingham）、唐諾・克里夫頓（Donald O. Clifton, Ph. D），2002，《發現我的天才──打開34個天賦的禮物》（*Now, Discover Your Strengths*），台北：商智出版。

- 阿蓋爾（Michael Argyle），1997，《幸福心理學》（*The Psychology of Happiness*），台北：巨流圖書。

- 史蒂芬・柯維（Stephen R. Covey），2013，《第3選擇：解決人生所有難題的關鍵思維》（*The 3rd Alternative: Solving Life's Most Difficult Problems*），台北：天下文化。

- 耶胡達・席納（Yehuda Shinar），2010，《你可以不只這樣！──把壓力變成進步推力的12項法則》（*Think Like a Winner*），台北：天下文化。

- 羅洛・梅（Rollo May），2001，《自由與命運》（*Freedom and Destiny*），台北：立緒。

- 劉常勇，謝如梅，2006，〈創業管理研究之回顧與展望：理論與模式探討〉，《創業管理研究》，第1卷第1期。

- 莊正民、朱文儀、黃延聰，2001，〈制度環境、任務環境、組織型態與

協調機制——越南台商的實證研究〉，《管理評論》，第20卷第3期，頁123-151。

- 陳東升，1992，〈制度學派理論對正式組織的解析〉，《台大法學院社會論叢》，第40卷，頁1-23。

- 吳凱琳，2013，〈別再幻想了！職場上「不會讓你更快樂」的5個迷思〉，《金融時報》，2013/12/20。

- Schumpeter, J. A., 1934, *The Theory of Economic Development: An Inquiry into Profits, Capital, Credit, Interest and the Business Cycle*, Cambridge, MA: Harvard University Press.

- Weber, Max, 2002, The *Protestant ethic and the "spirit" of capitalism and other writings*, New York: Penguin Books.

- Granovetter, M., 1995, "The Economic Sociology of Firms and Entrepreneurs", in *The Economic Sociology of Immigration: Essays on Networks, Ethnicity, and Entrepreneurship* (eds.), New York: Russell Sage Foundation.

- Swedberg, R., 2000, *Entrepreneurship: the Social Science View*, New York: Oxford University Press.

- Coleman, J. S., 1990, *Foundations of Social Theory*, Cambridge, MA: Harvard University Press.

- Burt, R. S., 1992, *Structural Holes: The Social Structure of Competition*, Cambridge, MA: Harvard University Press.

- Granovetter, M., 1973, "The Strength of Weak Tie", *American Journal of Sociology*, Vol. 78, 1360-1380.

- Davidsson, P. and Wiklund, J., 2001, "Levels of Analysis in Entrepreneurship Research: Current Research Practice and Suggestions for the Future", *Entrepreneurship Theory and Practice*, Vol. 26 (2), 81-99.

- Dollingers, M. J., 2003, *Entrepreneurship: Strategies and Resources*,

Prentice Hall. (3ed.)

- O'Donnell, A., Gilmore, A., Cummins, D. and Carson, D., 2001, "The Network Construct in Entrepreneurship Research: A Review and Critique", *Management Decision*, Vol. 39 (9), 749-760.
- Greve, A. and Salaff, J., 2003, "Social Networks and Entrepreneurship", *Entrepreneurship: Theory and Practice*, Vol. 28 (1), 1-23.
- Johannisson, B., 2000, "Networking and Entrepreneurial Growth", in D. L. Sexton and H. Landstrom (eds.), *Handbook of Entrepreneurship*, Blackwell Publishing Ltd.
- Ibarra, H., 1993, "Personal Networks of Women and Minorities in Management: A Conceptual Framework", *Academy of Management Review*, Vol. 18 (1), 56-87.
- Barney, J. B., 1991, "Firm Resources and Sustained Competitive Advantage", *Journal of Management*, Vol. 17, 99-120.
- Alvarez, S. A. and Busenitz, L. W., 2001, "The Entrepreneurship of Resource-Based Theory", *Journal of Management*, Vol. 27 (6), 755-775.
- Aldrich, H. E. and Fiol, C. M., 1994, "Fools Rush In? The Institutional Context of Industry Creation", *Academy of Management Review*, Vol. 19, 645-670.
- Busenitz, L.W. and Lau, C. M., 1996, "A Cross-Cultural Cognitive Model of Venture Creation", *Entrepreneurship Theory and Practice*, Vol. 20 (4), 25-39.
- Krueger, N. F., Jr., 2003, "The Cognitive Psychology of Entrepreneurship", in Z. J. Acs and D. B. Audretsch (eds.), *Handbook of Entrepreneurship Research*, Kluwer Academic Publishers, 105-140.
- Mitchell, R. K., Busenitz, L., Lant, T., McDougall, P. P., Morse, E. A. and Smith, J. B., 2002, "Toward a Theory of Entrepreneurial Cognition:

Rethinking the People Side of Entrepreneurship Research", *Entrepreneurship Theory and Practice*, Vol. 28, 93-104.

- Seligman, M. E. P., 2000, "The positive perspective", *The Gallup Review*, 3 (1), 2-7.

- Gillham, J. E. and Seligman, M. E. P., 1999, "Footsteps on the road to positive psychology", *Behaviour Research and Therapy*, 37, S163-S173.

- Seligman, M. E. P. and Csikszentmihalyi, M., 2000, "Positive psychology: An introduction", *American Psychologist*, 55, 5-14.

第五章　以人為本的組織藍圖

- 約翰・霍金斯（John Howkins），2003，《創意經濟：好點子變成好生意》（*The Creative Economy: How People Make Money from Ideas*），台北：典藏藝術家庭。

- 葉匡時、俞慧芸，2004，《EMBA的第一門課》，台北：台灣商務。

- 艾瑞德格（Arie de Geus），1998，《企業活水》（*The Living Company*），台北：滾石文化。

- 莫瑞・史丹（Murray Stein），2012，《英雄之旅：個體化原則概論》（*The Principle of Individuation: Toward the Development of Human Consciousness*），台北：心靈工坊。

- 吉姆・柯林斯與波里・波拉斯（Jim Collins and Jerry Porras），2007，《基業長青》（*Build to Last*），台北：遠流。

- 吉姆・柯林斯（Jim Collins），2002，《從A到A+》（*Good to Great*），台北：遠流。

- 提姆・布朗（Tim Brown），2010，《設計思考改造世界》（*Change by Design: How Design Thinking Transforms Organizations and Inspires Innovation*），台北：聯經出版。

- 菲利浦‧科特勒、陳就學、伊萬‧塞提亞宛（Philip Kotler, Hermawan Kartajaya, Iwan Setiawan），2011，《行銷3.0：與消費者心靈共鳴》（*Marketing 3.0: From Products to Customers to the Human Spirit*），台北：天下雜誌。
- 威廉‧泰勒和波利‧拉巴爾（William C. Taylor and Polly LaBarre），2008，《發明未來的企業：預測未來最好的方法就是發明未來》（*Mavericks at Work: Why the Most Original Minds in Business Win*），台北：大塊文化。
- 丹尼爾‧品克（Daniel H. Pink），2010，《動機，單純的力量》（*Drive : The Surprising Truth About What Motivates Us*），台北：大塊文化。
- Corlett, John G. and Pearson, Carol S., 2003, *Mapping the Organizational Psyche: A Jungian Theory of Organizational Dynamics and Change*, Center for Applications of.
- Bell, Daniel, 1976, *The Coming of Post-Industrial Society: A Venture in Social Forecasting*, Basic Books; Reissue edition.
- Nelson, Debra L. and Quick, James Campbell, 2004, *Understanding Organizational Behavior*, South-Western College Pub.

第六章　合作創新

- Handy, Charles, 1976, *Understanding Organizations*, Penguin Adult.
- 查爾斯‧韓第（Charles Handy），2006，《思想者》（*Myself and Other More Important Matters*），北京：人民大學出版社。
- 查爾斯‧韓第，1991，《非理性的時代》（*The Age of Unreason*），台北：聯經出版。
- 查爾斯‧韓第，1998，《組織寓言：韓第給管理者的二十一個觀念》（*Inside Organizations－21 Ideas for Managers*），台北：天下文化。

- 艾瑟羅德（Robert Axelrod），2010，《合作的競化》（*The Evolution of Cooperation*），台北：大塊文化。

- 麥可‧許瑞吉（Michael Schrage），2003，《認真玩創新：進入創新與新經濟的美麗新世界》（*Serious Play: How the World's Best Companies Simulate to Innovate*），台北：遠流。

- 戴夫‧帕特奈克與彼得‧莫特森（Dev Patnaik and Peter Mortensen），2010，《誰說商業直覺是天生的：有些產品和服務就是超有fu，怎麼辦到的？》（*Wired To Care－How Companies Prosper When They Create Widespread Empathy*），台北：大是文化。

- 羅伯托‧維甘提（Roberto Verganti），2011，《設計力創新》（*Design-Driven Innovation*），台北：馬可孛羅。

- 羅伯特‧瓊斯（Robert Jones），2002，《大構想：重新找尋企業未來的生命力》（*The big idea*），台北：臉譜出版。

- 湯姆‧凱利（Tom Kelley），2008，《決定未來的10種人：10種創新，10個未來／你屬於哪一種？》（*The Ten Faces of Innovation*），台北：大塊文化。

- 約翰‧霍金斯（John Howkins），2003，《創意經濟：好點子變成好生意》（*The Creative Economy: How People Make Money from Ideas*），台北：典藏藝術家庭。

- 鮑‧柏林罕（Bo Burlingham），2006，《小，是我故意的：不擴張也成功的14個故事，7種基因》（*Small Giants: Companies that Choose to be Great Instead of Big*），台北：早安財經。

- 羅傑‧馬丁（Roger Martin），2011，《設計思考就是這麼回事！》（*The Design of Business: Why Design Thinking is the Next Competitive Advantage*），台北：天下文化。

- 丹尼爾‧品克（Daniel H. Pink），2010，《動機，單純的力量》（*Drive: The Surprising Truth About What Motivates Us*），台北：大塊

文化。

- 保羅・歐法拉與安・瑪許（Paul Orfalea and Ann Marsh），2008，《怪咖成功法則》（*Copy This!: How I Turned Dyslexia, ADHD, and 100 Square Feet into a Company Called Kinko's*），台北：遠流。

第七章　創意生態——共同工作空間的崛起與意義

- 納西姆・尼可拉斯・塔雷伯（Nassim Nicholas Taleb），2013，《反脆弱：脆弱的反義詞不是堅強，是反脆弱》（*Antifragile: Things That Gain from Disorder*），台北：大塊文化。
- 約翰・霍金斯（John Howkins），2010，《創意生態：思考產生好點子》（*Creative Ecologies: Where Thinking is a Proper Job*），台北：典藏藝術家庭。
- 葉彥君，2013，〈想創新，先跟不熟同事「玩配對」〉，*Cheers*雜誌，第153期，頁14。
- 陳雅琦，2013，〈不同行業Mix ＆ Match，打造創意窩〉，*Cheer*雜誌，第151期，頁14。
- 張呈祥，2002，〈民間創新育成中心發展模式之研究〉，國立政治大學科技管理研究所碩士論文，台北市。
- 郭慶瑞，2001，〈育成中心經營模式之研究〉，國立中山大學企業管理學系研究所碩士論文，高雄市。
- 查爾斯・蘭德利（Charles Landry），2012，《創意臺北 勢在必行》，台北：臺北市都市更新處。
- 查爾斯・韓第（Charles Handy），2011，《大象與跳蚤：預見組織與個人的未來》（*The Elephant and the Flea: Looking Backwards to the Future*），台北：天下文化。
- 李永展，2013，〈創意城市新思維：共同工作空間（Coworking

space）〉，經濟部投資業務處，http://twbusiness.nat.gov.tw/epaperArticle. do?id=220823555

Charles Handy, 2002, *The Age of Unreason: New Thinking For A New World*, New edition, Random House Business.

S. F. Slater and J. C. Narver, 1995, "Market orientation and the learning organization", *The Journal of Marketing*, 59 (3): 63-74.

- Bunnell, D. and Van Der Linde, J., 2011, "Is coworking the new incubator?" http://www.deskmag.com/en/has-coworking-replaced-the-incubator-175

- Foertsch, C., 2011, "How profitable are coworking spaces?" http://www.deskmag.com/en/how-profitable-are-coworking-spaces-177

- Foertsch, C., 2010, "Why coworkers like their coworking spaces?" http://www.deskmag.com/en/why-coworkers-like-their-coworking-spaces-162

- DeGuzman, G. V., 2011, "Five big myths about coworking", http://www.deskmag.com/en/five-big-myths-about-coworking-169

- Stillman, J., 2012, "Coworking spaces team with universities to bridge the gap between classroom and practice", http://gigaom.com/2012/04/16/coworking-spaces-team-with-universities-to-bridge-the-gap-between-classroom-and-practice/

- McAnsh, C., 2013, "Coworking and education – a wise partnership", http://austingcuc.com/2013/coworking-and-education-a-wise-partnership/

第八章　行銷溝通

- 丹尼爾‧品克（Daniel H. Pink），2013，《未來在等待的銷售人才》（*To Sell is Human: The Surprising Truth about Moving Others*），台北：大塊文化。

- 科特勒（Philip Kotler），2011，《行銷3.0：與消費者心靈共鳴》（*Marketing 3.0: From Products to Customers to the Human Spirit*），台北：天下雜誌。

- 馬克‧葛伯（Marc Gobe），2011，《感動：創造「情感品牌」的關鍵法則》（*Emotional Branding: The New Paradigm for Connecting Brands to People*），台北：寶鼎。

- 戴夫‧帕特奈克與彼得‧莫特森（Dev Patnaik and Peter Mortensen），2010，《誰說商業直覺是天生的：有些產品和服務就是超有fu，怎麼辦到的？》（*Wired To Care－How Companies Prosper When They Create Widespread Empathy*），台北：大是文化。

- 黛比‧米曼（Debbie Millman），2013，《品牌這樣思考》（*Brand Thinking*），台北：商周。

- 詹姆斯‧吉爾摩與約瑟夫‧派恩（James H. Gilmore and B. Joseph Pine），2008，《體驗真實：滿足顧客的真正渴望》（*Authenticity: What Consumers Really Want*），台北：天下雜誌。

- 史蒂芬‧丹寧（Stephen Denning），2005，《說故事的領導》（*The Secret Language of Leadership: How Leaders Inspire Action Through Narrative*），台北：臉譜出版。

- 史蒂芬‧丹寧，2010，《故事的影響力》，北京：中國人民大學出版社。

- 大衛‧布魯克斯（David Brooks），2012，《社會性動物：愛、性格與成就的來源》（*The Social Animal: The Hidden Sources of Love, Character, and Achievement*），台北：商周。

- 安奈特‧西蒙斯（Annette Simmons），2004，《說故事的力量：激勵、影響與說服的最佳工具》（*The Story Factor: Inspiration, Influence and Persuasion Through the Art of Storytelling*），台北：臉譜出版。

- 葛蘭特‧麥奎肯（Grant McCracken），2010，《我能猜到什麼會爆紅：

看出大生意在哪裡的三步驟》（*Chief Culture Officer: How to Create a Living, Breathing Corporation*），台北：大是文化。

- 黃光玉，2006，〈說故事打造品牌：一個分析的架構〉，《廣告學研究》，第26集，頁5。

- 奇普・希思、丹・希思（Chip Heath & Dan Heath），2007，《創意黏力學》（*Made to Stick*），台北：大塊文化。

- 麥可・洛伯特（Michael Loebbert），2005，《故事，讓願景鮮活：最有魅力的領導方式》（*Story Management: Der narrative ansatz fur management und beratung*），台北：商周。

- Bruner, J., 1986, *Actual Minds, Possible Worlds*. Cambridge, MA: Harvard University Press.

第九章　歷劫歸來

- 克里斯多夫・佛格勒（Christopher Vogler），2013，《作家之路：從英雄的旅程學習說一個好故事》（*The Writer's Journey: Mythic Structure for Writers*），台北：商周。

- 納西姆・尼可拉斯・塔雷伯（Nassim Nicholas Taleb），2002，《隨機的致富陷阱》（*Fooled by Randomness: The Hidden Role of Chance in Life and in the Markets Fooled by Randomness*），台北：時報出版。

- 納西姆・尼可拉斯・塔雷伯（Nassim Nicholas Taleb），2008，《黑天鵝效應：如何及早發現最不可能發生但總是發生的事》（*The Black Swan: The Impact of the Highly Improbable*），台北：大塊文化。

- 史蒂芬・柯維（Stephen R. Covey），2005，《第8個習慣：從成功到卓越》（*The 8th Habit: From Effectiveness to Greatness*），台北：天下文化。

- 葛拉威爾（Malcolm Gladwell），2009，《異數》（*Outliers: The Story*

of Success），台北：時報出版。

- 葛蘭特‧麥奎肯（Grant McCracken），2010，《我能猜到什麼會爆紅：看出大生意在哪裡的三步驟》（*Chief Culture Officer: How to Create a Living, Breathing Corporation*），台北：大是文化。

- 肯尼斯‧克利斯汀（Kenneth W. Christian），2009，《這輩子，只能這樣嗎？》（*Your Own Worst Enemy: Breaking the Habit of Adult Underachievement*），台北：早安財經文化。

- 肯‧戴科沃與丹尼爾‧凱德雷克（Ken Dychtwald and Daniel J. Kadlec），2012，《熟年力：屬於新世代的熟年生涯規劃手冊》（*With Purpose: Going from Success to Significance in Work and Life*），台北：大塊文化。

- 羅洛‧梅（Rollo May），2001，《創造的勇氣》（*The Courage to Create*），台北：立緒。

- 狄帕克‧喬布拉、黛比‧福特與瑪莉安‧威廉森（Deepak Chopra, Debbie Ford and Marianne Williamson），2011，《陰影效應：找回真實完整的自我》（*The Shadow Effect: Illuminating the Hidden Power of Your True Self*），台北：天下文化。

- 周志建，2012，《故事的療癒力量：敘事、隱喻、自由書寫》，台北：心靈工坊。

國家圖書館出版品預行編目（CIP）資料

創業家的英雄之旅—以人為本的創新創業管理
/ 邱于芸作. -- 初版. --
臺北市：遠流, 2014.12
面； 公分
ISBN 978-957-32-7550-3（平裝）
1. 創業 2. 企業管理 3. 職場成功法
494.1   103025295

創業家的英雄之旅
——以人為本的創新創業管理

著者——邱于芸
總策劃——國立政治大學創新與創造力研究中心
統籌——溫肇東、林月雲
執行主編——曾淑正
美術設計——李俊輝
行銷企劃——叢昌瑜

發行人—— 王榮文
出版發行——遠流出版事業股份有限公司
地址——台北市南昌路二段81號6樓
電話——(02) 23926899　傳真——(02) 23926658
劃撥帳號——0189456-1
著作權顧問——蕭雄淋律師
法律顧問——董安丹律師

2014年12月 初版一刷
行政院新聞局局版台業字第1295號
售價—— 新台幣420元

YL 遠流博識網
http://www.ylib.com
E-mail: ylib@ylib.com

本書為教育部補助國立政治大學邁向頂尖大學計畫成果，
著作財產權歸國立政治大學所有